DAS
STEREOSKOP.

SEINE ANWENDUNG
IN DEN TECHNISCHEN WISSENSCHAFTEN.

ÜBER ENTSTEHUNG
UND KONSTRUKTION STEREOSKOPISCHER BILDER.

VON

WILHELM MANCHOT,
ARCHITEKT UND PROFESSOR AM STÄDEL'SCHEN KUNSTINSTITUT
ZU FRANKFURT A. M.

MIT 50 FIGUREN

LEIPZIG
VERLAG VON VEIT & COMP.
1903

Druck von Metzger & Wittig in Leipzig.

Vorwort.

Auf die große Begeisterung, welche seiner Zeit die Erfindung des Stereoskopes durch WHEATSTONE und seine Verbesserung durch BREWSTER hervorrief, folgte langsam, aber unaufhaltsam ein Rückschlag, ein Erlahmen des Interesses, das schließlich so tief sank, daß man vielfältig das Stereoskop nur noch als ein Spielzeug, als einen unterhaltenden Zeitvertreib ansah. Erst in der jüngsten Zeit wurde mit den gewaltigen Fortschritten der Photographie, insbesondere durch die ungeheure Ausbreitung der Amateurphotographie, dem Stereoskop wieder erneutes, stets wachsendes Interesse zugewandt. Nach Lage der Dinge erstrebte man zunächst die stereoskopische Wiedergabe von Landschaftsbildern, doch macht sich neuerdings auch in dem wissenschaftlichen Gebrauch der Photographie dies wieder erwachende Interesse bemerkbar. Heute gibt es schon eine Anzahl medizinischer Werke, die mit stereoskopischen Darstellungen ausgestattet sind.[1]

Nur in den technischen Wissenschaften bleibt dieser so außerordentlich wichtige Zweig der Darstellung fast vollständig unbenutzt, obgleich hier vielleicht mehr denn irgendwo sonst die stereoskopische Darstellung das Studium unterstützen und fördern könnte. Denn das oft kaum auseinander zu haltende Gewirr von Linien, das die geometrischen Projektionsmethoden häufig mit sich bringen, gelangt durch stereoskopische Darstellung zu klarer räumlicher Anschauung. Hierzu kommt, daß stereo-

[1] Z. B. A. ELSCHNIG, Atlas der pathologischen Anatomie des Auges, Wien 1902; E. HEGG, Stereoskopbilder für Schielende, Bern 1899; J. HEGENER, Krankhafte Veränderungen der Form und Stellung der Ohrmuschel, Wiesbaden 1901; NEISSER, Sammlung stereoskopischer Atlanten, Leipzig, u. a. m.

skopische Darstellungen außerdem einen wesentlichen Vorzug vor Modellen voraus haben: sie lassen die dargestellten Objekte durchsichtig wie Glaskrystalle erscheinen, wodurch auch rückwärts oder im Innern eines Körpers verlaufende Konstruktionslinien zur direkten Anschauung gebracht werden.

Wenn trotz dieser in die Augen springenden Vorteile die methodische Anwendung stereoskopischer Darstellung in den technischen Wissenschaften bisher keinen Eingang gefunden hat, so liegt dies, meines Erachtens, daran, daß bis jetzt der Größe stereoskopischer Bilder zu enge Grenzen gezogen waren. Für die seither gebräuchlichen Stereoskope ist das Maximum der Bildgröße gleich dem Augenabstande eines Menschen (im Mittel 65 mm), bei Anwendung der photographischen Stereoskopenapparate (denen indessen ein zu großer Augenabstand zu Grunde gelegt ist) höchstens 75 mm. Dies mag für photographische Wiedergabe von Landschaften oder kleineren, nicht zu komplizierten Objekten, oder auch für die zeichnerische Darstellung von Krystallformen und Ähnlichem ausreichen, aber diese Abmessung ist viel zu klein, um kompliziertere technische Zeichnungen für Studienzwecke in der nötigen Genauigkeit und Klarheit zur körperlichen Anschauung zu bringen.

Meine Lehrtätigkeit am Städelschen Kunstinstitute legte mir oft den Wunsch nach einem so mächtigen Hilfsmittel, wie es die stereoskopische Darstellung bieten könnte, nahe und ließ mich deshalb den eben erwähnten Mangel besonders lebhaft empfinden. Dies veranlaßte mich zum eingehenden Studium des Stereoskopes und alles dessen, was damit zusammenhängt. Anfänglich glaubte ich, in den Steinhauserschen stereoskopischen Wandtafeln das gesuchte Mittel gefunden zu haben, mußte mich aber bald davon überzeugen, daß sie für gedachten Zweck unzulänglich sind. Nach mancherlei Versuchen gelangte ich zur Konstruktion eines Stereoskopes, das hinsichtlich der Größe der stereoskopischen Bilder jede Schranke aufhebt. Bei Anwendung dieses Stereoskopes bewegt sich die Größe der Bilder theoretisch zwischen Null und Unendlich. In die Praxis übersetzt heißt dies, daß die Größe der Bilder nur solchen Einschränkungen unterliegt, wie sie die praktische

Herstellungs- und Gebrauchsfähigkeit sowie die Handlichkeit des Instrumentes wie der Bilder mit sich bringen. Da dieses Stereoskop außerdem für sämtliche möglichen Fälle von Stereoskopbildern zu gebrauchen ist, so erscheint es wohl gerechtfertigt, daß ich demselben den Namen eines Universalstereoskopes beilege.[1]

Obgleich dies Instrument aus dem Bedürfnis nach einem Hilfsmittel für mathematisch-technische Studien hervorging, so ist doch ohne weiteres klar, daß es auch anderen Disziplinen (ich denke unter anderem an die stereoskopische Darstellung anatomischer Präparate, von Werken der Plastik u. s. w.) in gleichem Maße nützlich sein wird. Auch rein wissenschaftlichen Untersuchungen bietet es eine wertvolle Stütze, wie am zugehörigen Orte näher erläutert werden wird.

Die nachfolgende Abhandlung über das Stereoskop und die Konstruktion stereoskopischer Bilder stützt sich ausschließlich auf mathematische Grundsätze. Das weite und außerordentlich interessante Gebiet der physiologischen Optik, durch dessen Studium die wunderbaren Geheimnisse des zweiäugigen Sehens erschlossen werden, mußte hier außer Betracht bleiben, weil es für die Konstruktion stereoskopischer Bilder nicht notwendig ist. Denn die einfachen geometrischen Beziehungen reichen ausnahmslos aus, um Bilder zu konstruieren, die, stereoskopisch betrachtet, das „innere Auge", d. h. das Zentralorgan, zum einfachen, aber körperlichen Sehen zwingen.

Frankfurt a/M., im Oktober 1902.

W. Manchot.

---

[1] Dasselbe wurde unterm 2. April d. J. zum Patent angemeldet.

Inhalt

Einleitung.

Die auf einer ebenen Fläche wiedergegebene Darstellung (Zeichnung, Gemälde etc.) irgend eines Gegenstandes kann — selbst tadellose Kenntnis und Anwendung der perspektivischen Gesetze, sowie getreueste Nachbildung von Farbe, Licht- und Schattenverteilung vorausgesetzt — immer nur den Eindruck eines mit *einem* Auge gesehenen Gegenstandes hervorbringen. Der Zeichner oder Maler, der eine Landschaft, ein Architekturstück oder dergleichen nach der Natur darstellt, kneift stets *ein* Auge zu, sobald er bestimmte Konturen einvisieren will; die Gesetze der Perspektive beruhen auf der Annahme *eines* Standpunktes, folglich des Sehens mit *einem* Auge und daher kommt es auch, daß man Bilder, um sie körperlicher zu sehen, gerne durch die hohle Hand mit nur *einem* Auge betrachtet. In diesem Falle stimmt eben die Art der Betrachtung mit der Art der Entstehung überein.

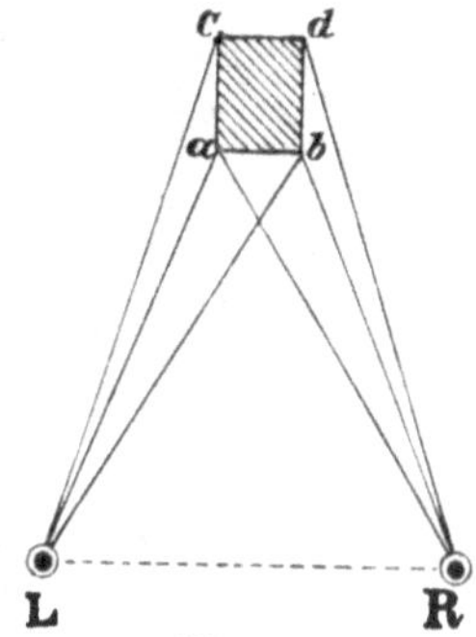

Fig. 1.

Trotzdem können alle auf einer ebenen Fläche dargestellten Bilder niemals den geradezu zwingenden körperlichen Eindruck hervorrufen, den man durch die Verbindung zweier, etwas verschiedener Bilder desselben Gegenstandes erreicht, wenn das eine von dem Standpunkte des linken, das andere von dem Standpunkte des rechten Auges aus gesehen, bezw. gezeichnet ist und beide Bilder alsdann wohl gleichzeitig, aber getrennt mit dem jeweils zugehörigen Auge betrachtet werden.

Es beruht dies auf der Eigentümlichkeit des Sehens mit *zwei* Augen, die namentlich beim Betrachten von kleineren, den Augen nahe befindliche Objekten auffällig wird. So zeigt z. B. Fig. 1, daß man mit *zwei* Augen ein kleines, ziemlich nahe vor den

Augen befindliches Objekt von rechteckiger Grundform gleichzeitig von drei Seiten sieht, während *ein* Auge höchstens die Eindrücke von zwei Seiten empfangen kann. Es seien *L* und *R* die beiden Augen, *a b c d* das Objekt, so empfängt das linke Auge *L* die Eindrücke der Seiten *a b* und *a c* des vorliegenden Objektes, das rechte Auge *R* diejenigen der Seiten *a b* und *b d*, folglich beide zusammen die Eindrücke der drei Seiten *a c*, *a b* und *b d*. Die durch das Sehen mit zwei Augen hervorgerufenen verschiedenen Bildeindrücke auf der Netzhaut der Augen vereinigen sich in unserer Vorstellung zu *einem* gemeinsamen Bildeindruck, dem nun eine außerordentlich plastische Wirkung zu teil wird.

Das Sehen mit zwei Augen ist ferner von großem Einfluß auf die Beurteilung der Entfernung von Gegenständen, welche sich in verhältnismäßiger Nähe der Augen befinden, wie dies deutlich aus Fig. 2 hervorgeht. *L* und *R* seien wieder die beiden Augen, *a* ein zu fixierender Punkt, *B F* eine hinter *a* befindliche senkrechte Wandfläche — die Projektionsebene — oder auch allgemein die „Bildfläche“ genannt. Sieht man mit *einem* Auge und zwar mit *L* nach dem Punkte *a* und verlängert die Gerade

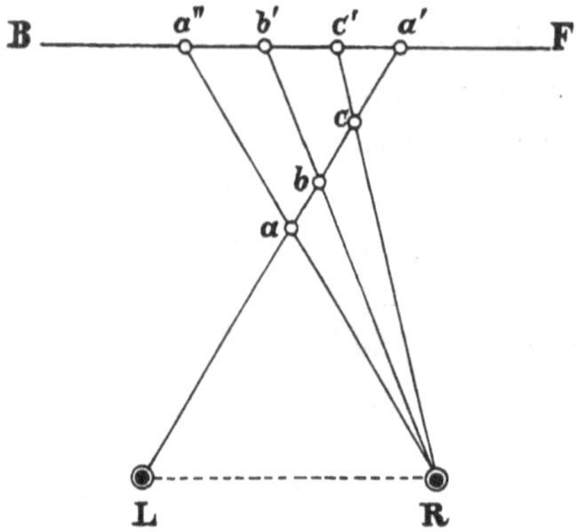

Fig. 2.

L a — Sehstrahl genannt — bis zur Bildfläche *B F*, so erscheint die Projektion oder kurzweg das Bild von *a* in *a'*. Die Projektion irgend eines anderen Punktes in der gleichen Sehrichtung, z. B. von *b* oder *c* trifft ebenfalls die Bildfläche *B F* in dem Punkte *a'*. Es hat also die Entfernung eines Punktes vom Auge *L* gar keinen Einfluß auf dessen Projektion auf der Bildfläche *B F*.

Betrachtet man nun gleichzeitig einen der Punkte *a*, b oder *c* mit dem rechten Auge *R*, so treffen die Projektionen der Richtungen *R a*, *R b* und *R c* die Bildfläche in *a''*, *b'* und *c'*, also jede an einer anderen Stelle derselben, ebenso ändert sich der

Winkel, welchen die beiden von den Augen ausgehenden Sehstrahlen bilden, die sogenannte Parallaxe ($\sphericalangle LaR$, $\sphericalangle LbR$ und $\sphericalangle LcR$) mit jeder näheren oder weiteren Entfernung der Punkte *a*, *b* und *c*. Je näher ein Punkt oder allgemein ein Gegenstand dem Auge liegt, desto größer, je weiter ein Gegenstand entfernt ist, desto kleiner wird die zugehörige Parallaxe. Die Größe derselben giebt uns also einen Maßstab für die Entfernung eines Gegenstandes.

Allerdings können wir die jeweilige Parallaxe nicht mit den Augen messen, aber die Schätzung derselben wird uns dadurch vermittelt, daß ein Gegenstand für jedes Auge eine andere Projektion auf einer senkrecht vor oder hinter ihm stehenden Bildfläche zeigt. Unbewußt geht als Ergebnis der für jedes Auge sich verschieden bildenden Projektionen eines Gegenstandes in unserem Auffassungs- und Vorstellungsvermögen die Schätzung der Parallaxe, bezw. der Entfernung eines Gegenstandes hervor.[1]

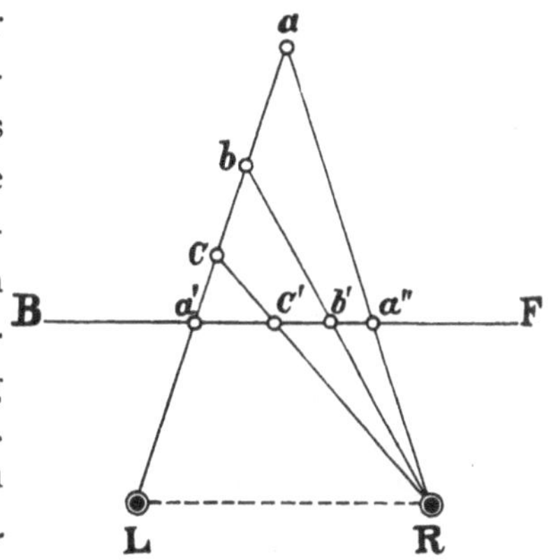

Fig. 3.

Was Fig. 2 für eine *hinter* dem Objekt liegende Bildfläche erläuterte, wird durch Fig. 3 für eine *vor* dem Objekt liegende Bildfläche erwiesen. Es seien *L* und *R* wieder die beiden Augen, *a*, *b* und *c* die verschiedenen Objektpunkte, *BF* eine vor dem Objekte und durchsichtig angenommene Bildfläche. Von *L* aus gesehen treffen die Projektionen der Punkte *a*, *b* und *c* wieder in *einem* Punkte der Bildfläche, nämlich in *a'* zusammen, während von *R* aus gesehen die Projektionen der Punkte *a*, *b* und *c* verschiedene Stellen der Bildfläche, nämlich die Punkte *a''*, *b'* und

[1] Die Parallaxe ist, wenn auch die hauptsächlichste, doch nicht die einzige Ursache, welche uns zu genauen Tiefenschätzungen befähigt, sondern es treten hierzu noch die Einflüsse der Raddrehung der Augen, der Vertikalteilungen, des Kontrastes in Farbe und Beleuchtung u. s. w., aber für den vorliegenden Zweck — Herstellung stereoskopischer Zeichnungen — ist die gegebene Erklärung nicht nur ausreichend, sondern auch die allein mögliche.

c' treffen. Auch hier sieht man, wie der größeren oder kleineren Entfernung eines Gegenstandes eine kleinere oder größere Parallaxe entspricht.

Daß durch das Sehen mit zwei Augen die räumliche Entfernung eines Gegenstandes festgelegt wird, geht auch aus folgender Betrachtung hervor. Es seien Fig. 4 *L* und *R* wieder die Augen, *a* ein Punkt des Raumes. Beim Betrachten mit *L* erscheint der Punkt jedenfalls in der Richtung *La* und beim Betrachten mit *R* in der Richtung *Ra*. Wir suchen ihn daher mit den Augen in beiden Richtungen, d. h. in *a*, weil nur der Punkt *a* beiden Richtungen angehört. Damit ist aber auch eine ganz bestimmte Entfernung von *L* und *R* festgelegt, denn jede Änderung der Parallaxe bedingt ein näheres oder ferneres Überschneiden der beiden Sehrichtungen.

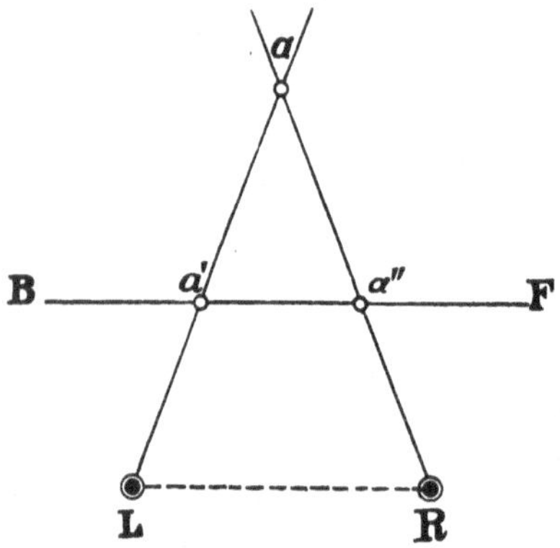

Fig. 4.

Schaltet man (Fig. 4) zwischen dem Objektpunkte *a* und den Augen, parallel zur Geraden *LR* eine senkrechte, durchsichtige Bildfläche *BF* ein, so erscheint das Bild (die Projektion) von *a* mit *L* gesehen in dem Punkte *a'*, mit *R* gesehen in dem Punkte *a''* der Bildfläche, und es ist klar, daß, falls jeder dieser Bildpunkte nur mit dem ihm zugehörigen Auge — also *a'* mit *L* und *a''* mit *R* — betrachtet wird, diese zwei Bilder in unseren Augen dieselben Eindrücke hervorrufen müssen wie der Punkt *a* selbst; mit anderen Worten, durch das für jedes Auge getrennte Besehen jener Bilder gelangen wir zur räumlichen Vorstellung des Punktes *a*.

„Je zwei solcher zusammengehörigen Bilder eines Punktes im Raume werden korrespondierende oder identische[1] Punkte genannt."

[1] Weil nach der „Identitätslehre" Objektpunkte des Raumes nur dann mit beiden Augen einfach gesehen werden, wenn deren Netzhautbilder auf identische Netzhautstellen der Augen fallen.

Was für den einen Punkt *a* nachgewiesen wurde, gilt selbstverständlich für alle Punkte im Raume. Konstruiert man also für eine beliebige Anzahl von Punkten im Raum die korrespondierenden Bildpunkte, wie dies in Fig. 4 für *a* geschehen ist, so erhält man die doppelte Anzahl korrespondierender Bildpunkte, und wir müssen daher auch für das zweiäugige (binoculare), für jedes Auge getrennte Besehen dieser Bilderpaare die räumliche Vorstellung der Objektpunkte und zwar in ihrer gegenseitigen Lage im Raum gewinnen. Wählt man die Objektpunkte so, daß sie gleichzeitig die Begrenzung von ebenen oder körperlichen Gegenständen bilden, so erhält man zwei ebene korrespondierende Bilder jener Gegenstände.

„Je zwei solcher nebeneinander befindlichen Bilder eines Objektes, durch deren gleichzeitiges, aber für jedes Auge getrenntes Betrachten uns die körperliche Vorstellung des betreffenden Objektes hervorgerufen wird, nennt man ‚Stereoskopbilder'. Jedes der beiden Bilder wird als ‚Halbbild' und das durch sie hervorgerufene körperliche Raumbild als ‚Ganzbild' bezeichnet."

Das gleichzeitige, aber für jedes Auge getrennte Besehen zweier Halbbilder wird durch besondere Instrumente, die sogenannten „Stereoskope" (Körperseher) erleichtert. Stereoskopbilder werden entweder auf geometrisch konstruktivem oder auf photographischem Wege erzeugt. Uns interessieren hier vorzugsweise die ersteren.

Geometrische Konstruktion und mathematische Beziehungen stereoskopischer Bilder.

In konstruktiver Hinsicht sind die beiden Halbbilder nichts anderes, als zentrale Projektionen eines Objektes auf eine Ebene (Bildfläche), die Augen als Projektionszentra angenommen, oder mit anderen Worten: „Jedes Halbbild ist ein regelrecht konstruiertes perspektivisches Bild eines Objektes, einmal von dem Standpunkte des linken, das andere Mal von dem Standpunkt des rechten Auges aus gesehen."

In Bezug auf die gegenseitige Lage der Augen, des Objektes und der Bildfläche sind folgende drei verschiedene Fälle möglich (vergl. Fig. 5):

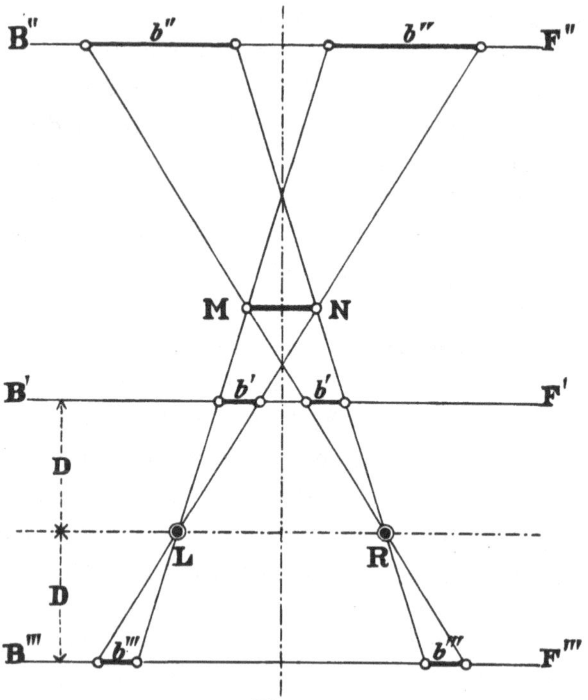

Fig. 5.

1. Die Bildfläche B' F' befindet sich zwischen dem Objekte M N und den Augen L und R.

2. Das Objekt M N befindet sich zwischen den Augen L und R und der Bildfläche B'' F''.

3. Die Augen L und R befinden sich zwischen dem Objekte M N und der Bilfläche B''' F'''.

Die in dem ersten dieser drei Fälle auf der Bildfläche erhaltenen Halbbilder sind diejenigen, welche man vorzugsweise zur Erzeugung stereoskopischer Effekte benutzt und sollen deshalb zunächst besprochen werden.

I. Fall: Bildfläche zwischen Objekt und Augen.

Bedeuten in Fig. 6 L und R wieder die Augen, MN das zu betrachtende Objekt, $B' F'$ die zwischen beiden befindliche Bildfläche, ferner D die Entfernung (Distanz) zwischen den Augen und der Bildfläche, E die Entfernung zwischen den Augen und dem Objekt, b' und b'' die Breite der Halbbilder, ε den Zwischenraum der letzteren und endlich a den Abstand der beiden Augen, so folgt, wenn wir noch für b' und b'', da beide gleich sind, einfach b und für das Objekt (MN) G setzen, aus der Ähnlichkeit der vorhandenen Dreiecke unmittelbar folgende Proportion:

$$D : b = E : G,$$

woraus

$$b = \frac{DG}{E} \qquad (1)$$

ferner

$$a : G = S : (S + E),$$

woraus

$$S = \frac{aE}{G - a}. \qquad (2)$$

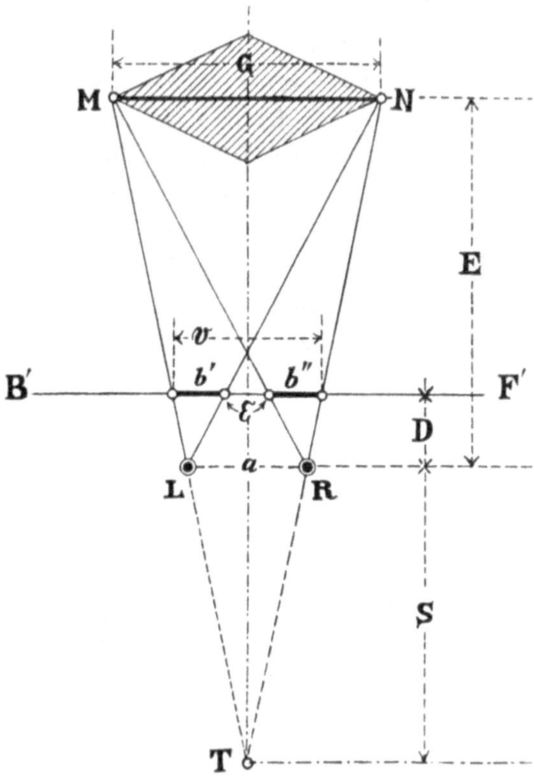

Fig. 6.

Setzt man die Breite der beiden Halbbilder samt deren Zwischenraum gleich v, also $v = 2b + \varepsilon$, so ergiebt sich die weitere Proportion $v : G = (S + D) : (S + E)$ und hieraus nach Substitution des Wertes von S aus Gleichung (2) und entsprechender Reduktion:

$$v = \frac{a(E - D) + DG}{E}. \qquad (3)$$

Nimmt man unter Beibehaltung aller übrigen Verhältnisse den Abstand D zwischen Augen und Bildfläche etwas größer an wie in Fig. 6, so wird ε kleiner, bei fernerem Wachsen von D allmählich $= 0$ und endlich negativ. Hieraus folgt, daß die beiden Halbbilder für $\varepsilon = 0$ aneinander stoßen und bei negativem ε übereinandergreifen, was für $D = E$ vollständig der Fall sein wird.

Nun müssen aber, wie oben erläutert wurde, die beiden Halbbilder zwar gleichzeitig, aber für jedes Auge getrennt besichtigt werden, um den stereoskopischen Effekt zu erzielen. Es müssen daher die wechselseitigen Entfernungen von Auge, Bildfläche und Objekt so gewählt werden, daß die Halbbilder getrennt oder höchstens aneinanderstoßend erhalten werden.[1] Dies ist bedingt durch die Gleichung $2b \overline{\gtrless} v$, wobei für $v = 2b$ die Bilder aneinanderstoßen, für $2b < v$ zwischen denselben ein freier Raum verbleibt.

Substituiert man nun in der Gleichung $2b \overline{\gtrless} v$ die in den Gleichungen (1) und (3) gefundenen Werte von b und v, so erhält man:

$$\frac{2DG}{E} \overline{\gtrless} \frac{a(E-D)+DG}{E}$$

oder reduziert: $$DG \overline{\gtrless} a(E-D) \qquad (4)$$

als Bedingungsgleichung für das Erhalten aneinanderstoßender, bezw. durch einen Zwischenraum getrennter Halbbilder. Die Gleichung (1) $b = \frac{DG}{E}$ geht unter Berücksichtigung der Gleichung (4) in die Form $b \overline{\gtrless} \frac{a(E-D)}{E}$ über, oder für die Untersuchung geeigneter in die Form:

$$b \overline{\gtrless} a\left(1 - \frac{D}{E}\right). \qquad (5)$$

Hieraus erhellt sofort, daß b um so größer wird, je größer a und E und je kleiner D werden. Man erhält also das Maximum von b, wenn man D als ein Minimum und E als ein Maximum annimmt, also die Werte $D = 0$ und $E = \infty$ in die Gleichung (5) einsetzt. Daraus folgt: $b_{\text{max.}} = a$, d. h.: „die größte Breite, die ein Halbbild in dem ersten der S. 6 aufgezählten drei

[1] Ausnahme vergl. WHEATSTONEs Stereoskop S. 32, sowie unten S. 46ff.

Fälle und unter der durch Gleichung (4) ausgedrückten Bedingung annehmen kann, ist gleich dem Abstande der beiden Augen.“

In Gleichung (5) sind zwei Größen als Konstanten zu betrachten, nämlich a, der Augenabstand eines Menschen (im Mittel = 65 mm), sodann D, da man für ein normales Auge die Entfernung D (deutliche Sehweite) nicht gut unter 250 mm annehmen darf.

Für die Zwecke der Praxis wird man immer eine der Größen b, bezw. $b + \varepsilon$, G oder E als gegeben annehmen müssen, um die anderen daraus zu entwickeln. Hierzu eignet sich vor allem die Größe b, bezw. $b + \varepsilon$, da ja der Zweck der Konstruktion der ist, b in einer bestimmten Größe zu erhalten. Nehmen wir daher b und ε als gegeben an, so ist, da $\varepsilon = v - 2b$ (vergl. Fig. 6), nach Substitution des Wertes von v aus Gleichung (3) $\varepsilon = \frac{a(E - D)}{E} + \frac{DG}{E} - 2b$ und nach Einführung des Wertes von b aus Gleichung (1) $\varepsilon = \frac{a(E - D)}{E} - b$, woraus

$$E = \frac{aD}{a - (b + \varepsilon)}, \tag{6}$$

ferner nach Substitution dieses Wertes von E in Gleichung (1)

$$G = \frac{ab}{a - (b + \varepsilon)}. \tag{7}$$

Aus der Gleichung $\varepsilon = v - 2b$, bezw. $v = 2b + \varepsilon$, folgt, daß der Raum ε zwischen den Halbbildern nur auf Kosten der Breite derselben erhalten wird. Nimmt man $\varepsilon = 0$, d. h. die Bilder aneinanderstoßend an, so gehen die Gleichungen (6) und (7) über in:

$$E = \frac{aD}{a - b}, \tag{8}$$

$$G = \frac{ab}{a - b}. \tag{9}$$

Nachstehend folgen zwei nach diesen Formeln berechnete Tabellen, in welchen außer der Konstanten a die Größe D, sowie b und ε als gegeben angenommen wurden und für die Größen von b, beginnend mit $b = 25$ mm und in Intervallen von 5 mm wachsend bis zu $b_{\text{max.}}$ die zugehörigen Werte von G und E berechnet sind. Tabelle I ist unter der Annahme $\varepsilon = 0$, also für aneinanderstoßende Bilder nach den Gleichungen (8) und (9), Tabelle II unter der Annahme von $\varepsilon = 10$ mm, also für um 10 mm voneinander entfernte Bilder nach den Gleichungen (6) und (7) berechnet.

Tabelle I.

Gegeben: $D = 250$ mm, $a = 65$ mm, $\varepsilon = 0$. $b_{\text{max.}} = a = 65$ mm.

Bildbreite b in mm	Objektbreite G in mm	Entfernung zwischen Objekt und den Augen E in mm	
25	41	406	$G = \frac{a\,b}{a - b}$
30	56	464	
35	76	542	$E = \frac{a\,D}{a - b}$
40	104	650	
45	146	812	
50	216	1083	
55	358	1625	
60	780	3250	
65	∞	∞	

Tabelle II.

Gegeben: $D = 250$ mm, $a = 65$ mm, $\varepsilon = 10$ mm.
$b_{\text{max.}} = a - \varepsilon = 55$ mm.

Bildbreite b in mm	Objektbreite G in mm	Entfernung zwischen Objekt und den Augen E in mm	
25	54	542	
30	78	650	
35	114	812	$G = \frac{a\,b}{a - (b + \varepsilon)}$
40	173	1083	
45	293	1625	$E = \frac{a\,D}{a - (b + \varepsilon)}$
50	650	3250	
55	∞	∞	

Diese Tabellen zeigen deutlich die Grenze der praktisch möglichen Breite eines Halbbildes,[1] welche einzig und allein von

[1] Stets unter der Voraussetzung der durch Gleichung (4) ausgedrückten Bedingung.

der noch gebrauchsfähigen Größe von G und E abhängt. Ferner gewähren diese Tabellen, sobald irgend eine der Größen b, G oder E gegeben ist, einen raschen Überblick über die Größenverhältnisse der beiden anderen und bieten somit eine zuverlässige Grundlage für die allgemeine Disposition bei der Konstruktion stereoskopischer Bilder.

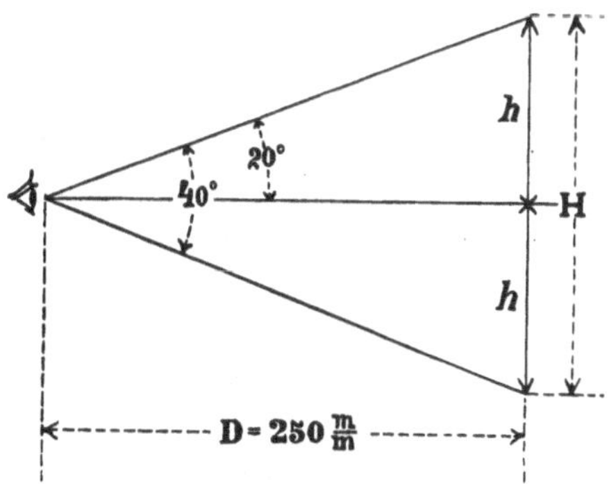

Fig. 7.

Nur über die zulässige Höhe der Halbbilder ist noch ein Wort hinzuzufügen. Dieselbe ist unabhängig von der Breite b und einzig durch die Größe des Gesichtsfeldes beschränkt, d. h. durch die Größe des Feldes, welches ohne Anstrengung von einem normalen Auge überblickt wird. Es entspricht dies der Grundfläche eines sogenannten optischen Kegels, dessen Mantellinien mit dessen Achse einen Winkel von 20° bilden. Mithin beträgt die Höhe in der Entfernung D vom Auge (vergl. Fig. 7)

$$H = 2h = 2D \text{ tg } 20^0 = 2 \cdot 250 \cdot 0{,}364 = 182 \text{ mm};$$

sie ist also im Verhältnis zur Breite eines Halbbildes so bedeutend, daß sie wohl nie ganz ausgenützt werden wird.[1]

II. Fall: Objekt zwischen Augen und Bildfläche.

Es seien (Fig. 8) L und R die beiden Augen, G ($= MN$) das Objekt, $B'' F''$ die Bildfläche, E die Entfernung zwischen Objekt und Augen, D die Entfernung zwischen den Augen und der Bildfläche, ferner $b(R)$ und $b(L)$ die auf der Bildfläche entstehen-

[1] Die Konstruktion der ebenfalls zum „ersten Falle" gehörigen Halbbilder für das Universalstereoskop wird im Zusammenhange mit der Beschreibung dieses Instrumentes S. 49ff. erläutert.

den Halbbilder. — Betrachtet man die gegenseitige Lage der drei Hauptfaktoren — Augen, Objekt und Bildfläche — so springt sofort ein wesentlicher Unterschied gegen den Fall I in die Augen. Es liegen nämlich die Halbbilder b nicht mehr auf der gleichen Seite wie die zugehörigen Augen, sondern das zu L gehörige $b(L)$ liegt auf der r e c h t e n, das zu R gehörige $b(R)$ auf der l i n k e n Seite des Beschauers. Es müssen also diese Halbbilder, von L und R aus gesehen, übers Kreuz betrachtet werden.

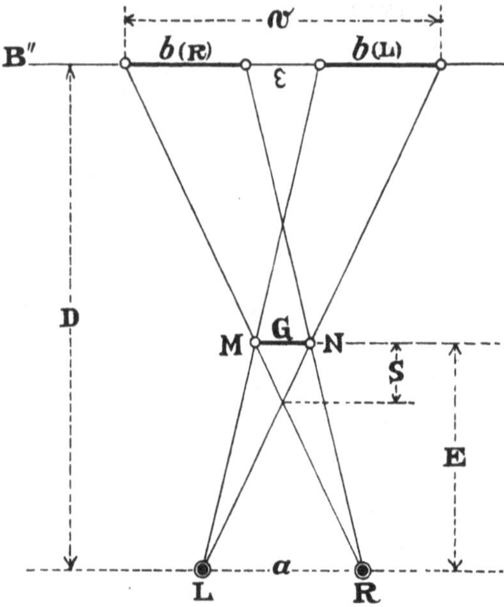

Fig. 8.

Die mathematischen Beziehungen ergeben sich analog denjenigen des ersten Falles folgendermaßen:

Es verhält sich $D:b = E:G$, woraus

$$b = \frac{DG}{E} \tag{10}$$

und $a:G = (E - S):S$, woraus

$$S = \frac{EG}{a + G}, \tag{11}$$

ferner ist, da die Hauptbilder auch wieder getrennt oder höchstens aneinanderstoßend sein dürfen

$$2b \gtreqless v \text{ (wobei } v = 2b + \varepsilon). \tag{12}$$

Weiter verhält sich $v : G = (D - E + S) : S$, woraus nach Substitution von S aus Gleichung (11)

$$v = \frac{a(D - E) + DG}{E}. \tag{13}$$

Setzt man diesen Wert von v, sowie den Wert von b aus Gleichung (10) in die Gleichung (12) ein, so entsteht:

$$\frac{2DG}{E} \gtreqless \frac{a(D - E) + DG}{E},$$

oder nach weiterer Reduktion

$$DG \gtreqless a(D - E) \tag{14}$$

als Bedingungsausdruck für das Erhalten aneinanderstoßender, bezw. getrennter Bilder.

Nach Gleichung (10) ist $b = \frac{DG}{E}$ und geht unter Berücksichtigung der Gleichung (14) über in die Form

$$b \gtreqless \frac{a(D - E)}{E}. \tag{15}$$

Da a eine Konstante ist, so folgt, daß der Wert von b einzig und allein von D und E abhängig ist und zwar wächst b mit dem Wachsen von D und Abnehmen von E. Läßt man D bis Unendlich wachsen, oder E bis Null abnehmen, so folgt in beiden Fällen:

$$b_{\text{max.}} = \infty, \tag{16}$$

d. h. in Worten ausgedrückt, die Halbbilder des vorliegenden zweiten Falles können — der Theorie nach — unendlich breit werden ohne sich zu überdecken. In der Praxis dagegen sind wiederum einzelne Dimensionen an gewisse Grenzen gebunden, wodurch die theoretische Größe von b (Gleichung 16) modifiziert wird. Da die beiden Halbbilder b in dem durch sie hervorgerufenen Ganzbilde die Vorstellung des Objektes G (= MN Fig. 8) geben, so müssen sie auch mit derselben Augenstellung betrachtet werden, mit welcher das Objekt G betrachtet wird. Die Entfernung E zwischen Objekt und Augen darf deshalb nicht kleiner angenommen werden, als die zulässige Entfernung für deutliches Sehen, d. i. = 250 mm. Außerdem ist auch D an gewisse Grenzen gebunden, die aus praktisch konstruktiven Gründen nicht überschritten werden können. Unter diesen Einschränkungen ergeben sich für die wechselseitigen mathematischen Beziehungen der in Rede stehenden Größen folgende Gleichungen:

Substituiert man in dem Ausdruck $\varepsilon = v - 2b$ bezw. $b + \varepsilon = v - b$ (vergl. Fig. 8) die Werte von b und v aus den Gleichungen (10) und (13), so erhält man

$$b + \varepsilon = \frac{a(D - E)}{E} \tag{17}$$

und nach E aufgelöst

$$E = \frac{a\,D}{a + b + \varepsilon}; \tag{18}$$

ferner folgt aus Gleichung (10)

$$G = \frac{b\,E}{D}$$

und nach Substitution des Wertes von E aus Gleichung (18)

$$G = \frac{a\,b}{a + b + \varepsilon}. \tag{19}$$

Aus Gleichung (18) folgt

$$D = \frac{E(a + b + \varepsilon)}{a}. \tag{20}$$

Sollen die Halbbilder aneinanderstoßen, also $\varepsilon = 0$ sein, dann gehen die Gleichungen (18), (19) und (20) über in:

$$G = \frac{a\,b}{a + b}, \tag{21}$$

$$E = \frac{a\,D}{a + b}, \tag{22}$$

$$D = \frac{E(a + b)}{a}. \tag{23}$$

Hinsichtlich der Höhe dieser Bilder gilt das S. 11 (Fig. 7) Gesagte; sie wächst mit der Größe von D, das im vorliegenden Falle theoretisch an keine Grenze gebunden ist und beträgt $H = 2D \operatorname{tg} 20^0 = 0{,}728\,D$, ein Maß, das in der Praxis wohl ebensowenig ausgenützt werden wird, wie das zulässige Höhenmaß des ersten Falles.

Aus Gleichung (17) folgt, daß auch in diesem Falle, unter sonst gleichen Umständen, ε nur auf Kosten von b gewonnen wird.

Das Minimum von E ist, wie schon S. 13 erwähnt, mit 250 mm zu bemessen, während für D sich keine anderen Grenzen feststellen lassen als solche, die durch die praktische Konstruktion auferlegt werden. Trotzdem folgen nachstehend wiederum zwei Tabellen, für stereoskopische Bilder dieses zweiten Falles, um einen Vergleich mit den verschiedenen Werten von G und E, wie sie die Tabellen I und II für den ersten Fall aufweisen, zu ermöglichen.

Tabelle III.

Gegeben: $D = 500$ mm, $a = 65$ mm, $\varepsilon = 0$, $b_{max.} = a = 65$ mm.

Bildbreite b in mm	Objektbreite G in mm	Entfernung zwischen Objekt und den Augen E in mm	
25	18	361	
30	20,5	342	
35	22,7	325	$G = \frac{a\,b}{a + b}$
40	24,8	310	
45	26,6	296	$E = \frac{a\,D}{a + b}$
50	28,3	283	
55	29,8	271	$D = \frac{E\,(a + b)}{a}$
60	31,2	260	
65	32,5	250	

Tabelle IV.

Gegeben: $D = 500$ mm, $a = 65$ m, $\varepsilon = 10$ mm.

$b_{max.} = (a - \varepsilon) = 55$ mm.

Bildbreite b in mm	Objektbreite G in mm	Entfernung zwischen Objekt und den Augen E in mm	
25	16,2	325	
30	18,6	310	$G = \frac{a\,b}{a + b + \varepsilon}$
35	20,6	296	
40	22,6	283	$E = \frac{a\,D}{a + b + \varepsilon}$
45	24,4	271	
50	26,0	260	$D = \frac{E\,(a + b + \varepsilon)}{a}$
55	27,5	250	

Hierbei wurde D zu 500 mm angenommen, eine Entfernung, die einem normalen Auge noch keine Schwierigkeiten bereitet, andererseits aber den Vorteil hat, daß die größte Breite der Halbbilder alsdann gleich a bezw. $a - \varepsilon$ wird. Sie entspricht demnach genau der Breite der Halbbilder, welche den für den ersten Fall berechneten Tabellen I und II zu Grunde gelegt wurde und erscheint demgemäß für einen Vergleich der beiderseitigen Tabellenwerte sehr geeignet.

Vergleicht man diese Tabellen III und IV mit den Tabellen I und II des ersten Falles, so fällt dieser Vergleich zu Gunsten des ersten Falles aus. Denn um Halbbilder der gleichen Größe zu erhalten, muß man im zweiten Falle nach sehr kleinen Objekten vergrößern, was schwieriger ist und größere Ungenauigkeiten mit sich bringt, als wenn man nach der Methode des ersten Falles von einem wesentlich größeren Objekt ein verkleinertes Halbbild zu konstruieren hat. Sobald es sich also darum handelt, Halbbilder zu konstruieren, deren Größe 65 mm nicht überschreitet, wird man vernünftigerweise nach der Methode des ersten Falles arbeiten und nur dann zur Methode des zweiten Falles übergehen, wenn man wesentlich größere Halbbilder haben will.

Wir haben oben S. 13 gesehen, daß die Größe der Halbbilder des zweiten Falles theoretisch unbegrenzt ist, daß man also für diese Halbbilder nur auf diejenige Beschränkung zu achten hat, welche die praktisch ausführbare Konstruktion mit sich bringt.[1] Die im allgemeinen wenig gewürdigte Bedeutung der Stereoskopbilder des zweiten Falles kommt erst mit zunehmender Größe derselben zur vollen Geltung, so namentlich bei den von STEINHAUSER[2] empfohlenen stereoskopischen Wandtafeln, von denen später noch die Rede sein wird.

III. Fall: Augen zwischen Objekt und Bildfläche.

Bezeichnen in Fig. 9 L und R wieder die beiden Augen, MN das Objekt, $B''' F'''$ die Bildfläche, b''' die beiden Halbbilder auf derselben, so ergibt sich ohne weiteres aus der Fig. 9, daß die

[1] Dasselbe gilt indessen auch für Bilder des ersten Falles, sofern man das S. 51 ff. beschriebene Universalstereoskop zur Anwendung bringt.

[2] A. STEINHAUSER, Geometrische Konstruktion der Stereoskopbilder. Graz 1870.

beiden Halbbilder b''' von L und R aus betrachtet, keinen stereoskopischen Effekt erzielen können, weil sich die von den Augen ausgehenden Visierlinien nach korrespondierenden Punkten der Halbbilder b''' nicht in einem Punkte vor, sondern hinter dem Beschauer schneiden, so z. B. Lm''' und Rm''' rückwärts in M und Ln''' und Rn''' rückwärts in N.[1] Weiter ersieht man aus der Figur, daß die Halbbilder b''' das Objekt in umgekehrter Richtung wiedergeben; so erscheint der linke Objektpunkt M auf den Halbbildern rechts und der rechte Objektpunkt auf den Halbbildern links. Die gleiche Umkehrung tritt für oben und unten ein. Die Halbbilder b''' stellen also ein verkehrtes — negatives — Bild des Objektes dar.

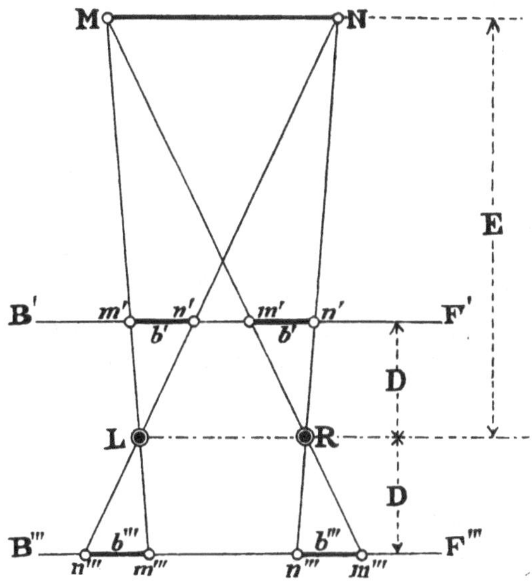

Fig. 9.

Schaltet man nun zwischen Augen und Objekt eine weitere Bildfläche $B' F'$ ein, deren Entfernung D von den Augen genau so groß ist, wie diejenige der Bildfläche $B''' F'''$, so entstehen auf der Bildfläche $B' F'$ die beiden Halbbilder b'. Aus der Kongruenz der anstoßenden Dreiecke folgt nun, daß die beiden Halbbilder b' genau übereinstimmen mit den Halbbildern b''', nur mit dem Unterschiede, daß bei den Halbbildern b' gegen b''' rechts mit links und oben mit unten vertauscht ist. Dreht man daher die auf der Bildfläche $B''' F'''$ erhaltenen Halbbilder b''' in horizontalem und vertikalem Sinne um 180^0 und stellt sie alsdann in der Bildfläche $B' F'$ bei b' auf, so müssen sie mit diesen Bildern vollkommen übereinstimmen und deshalb auch denselben Effekt wie die Stereoskopbilder b' erzielen.

[1] Über eine Ausnahme vergl. Anmerkung S. 20.

Man sieht hieraus, daß der vorliegende dritte Fall für Konstruktionszwecke ganz ungeeignet ist. Denn es hätte absolut keinen Sinn, fragliche Bilder auf der Bildfläche $B''' F'''$ zu konstruieren, dann umzuzeichnen oder umzupausen und endlich in der Bildfläche $B' F'$ aufzustellen, anstatt die Bilder nach Maßgabe des ersten Falles direkt auf der Bildfläche $B' F'$ zur Darstellung zu bringen. Anders verhält sich die Sache bei Zuhilfenahme der Photographie. Denkt man sich zwischen dem Objekte MN und der Bildfläche $B''' F'''$ zwei gleiche photographische Apparate derart aufgestellt, daß die Stellen der Augen L und R durch die beiden Objektivgläser der Apparate eingenommen werden, so erhält man auf den Platten der Camera, welche die Stelle der Bildfläche $B''' F'''$ einnehmen, zwei umgekehrte Bilder — Negative — des Objektes MN. Durch den photographischen Druckprozeß, also die Herstellung der Positive, wird alsdann von selbst rechts mit links vertauscht. Stellt man darauf die so erhaltenen Positive an den Stellen von b' (in der Bildfläche $B' F'$) auf, so müssen diese Positivbilder, von L und R aus gesehen, den gewünschten stereoskopischen Effekt erzielen.

Aus dem Gesagten folgt, daß die Herstellung von Stereoskopbildern nach der Methode des dritten Falles die ausgesprochene Domäne der Photographie ist.[1] Es ist deshalb zwecklos, die mathematischen Beziehungen dieses dritten Falles analog den beiden ersten Fällen zu entwickeln.

Noch ist zu bemerken, daß die Entfernung D zwischen den Bildern und den Augen selbstverständlich so bemessen sein muß, daß sie der deutlichen Sehweite eines normalen Auges entspricht, und hieraus folgt, daß die Brennweite der photographischen Objektive ebenfalls diesem Maße entsprechen muß. Nun werden aber in der Praxis Objektive von großer Lichtstärke verlangt, die eine kleinere Brennweite bedingen, andererseits liegt bei größerer Brennweite die Gefahr nahe, daß die Halbbilder übereinandergreifen, da das Objekt in der Regel viel breiter ist als der Augenabstand a. Deshalb wendet man zur photographischen

[1] Über Herstellung photographischer Halbbilder vergl. F. Stolze, Stereoskopie und Stereoskop, Halle, 1894.

Herstellung von Stereoskopbildern Objektive von kleiner Brennweite (8—10 cm) an. Die damit erzielten Bilder müssen alsdann durch entsprechende Konvexlinsen (von etwa 15—18 cm Brennweite) betrachtet werden, damit sie von einem normalen Auge ohne Anstrengung deutlich gesehen werden können. Ferner nimmt man den Abstand der beiden photographischen Objektive im Mittel etwas größer an als den mittleren Augenabstand von 65 mm, meist 75 mm. Dadurch können die stereoskopischen Bilder auch entsprechend breiter werden wie bei Tabelle I, da $b_{max.}$ alsdann 75 mm statt nur 65 mm groß wird. Der hierdurch entstehende Fehler der Bilder wird beim Betrachten derselben mittelst eines Stereoskopes durch eingeschaltete Prismen korrigiert, wie dies später bei Besprechung des Brewsterschen Stereoskopes S. 35 ausgeführt werden soll.

Korrespondierende oder identische Punkte.

Wie oben, S. 5, ausgeführt wurde, besteht ein Stereoskopbild aus zwei Systemen korrespondierender Punkte, von denen jedes System ein Halbbild genannt wird. Die Augen müssen demnach so gestellt sein, daß sie, um ein Ganzbild zu erblicken, gleichzeitig nach zwei korrespondierenden Punkten sehen. Da alle übrigen Punkte der Halbbilder derselben Augenstellung entsprechen, so werden dieselben auch alle in die gleiche Sehrichtung gelangen, wodurch alsdann die beiden Halbbilder zu dem entsprechenden Ganzbilde vereinigt werden. Naturgemäß findet diese Vereinigung zum Ganzbilde um so rascher statt, je rascher recht viele korrespondierende Punkte durch die Augen aufgefunden werden. Für das rasche Auffinden recht vieler korrespondierender Punkte ist die Gestalt des Objektes von großem Einfluß. Halbbilder, die infolge der besonderen Gestalt des Objektes recht markante korrespondierende Punkte aufweisen, wie z. B. die Spitze eines Turmes, stark vorspringende Kanten und Ecken oder stark hervortretende Figuren u. s. w. werden sich ungleich rascher zu einem Ganzbilde vereinigen als solche, denen derartig auffallende Merkmale fehlen.

Ferner ist es günstig, wenn sich solche besonders in die Augen springende korrespondierende Punkte möglichst in der Mitte der Halbbilder befinden, weil durch dieselben die Stelle der Netzhaut des Auges bestimmt wird, um die sich die übrigen Paare korrespondierender Punkte gruppieren. Da nun diejenigen Gegenstände am deutlichsten gesehen werden, deren Bilder auf den mittleren Teil der Netzhaut, den sogenannten gelben Fleck fallen, so folgt, daß die in der Mitte eines Bildes gelegenen korrespondierenden Punkte zur eigentlichen Fixierung am geeignetsten sind. Dieses zum Fixieren geeignetste Paar korrespondierender Punkte wird nach kürzerem oder längerem Betrachten unbewußt von selbst gefunden, worauf dann rasch die Verschmelzung der Halbbilder zum Ganzbilde eintritt.

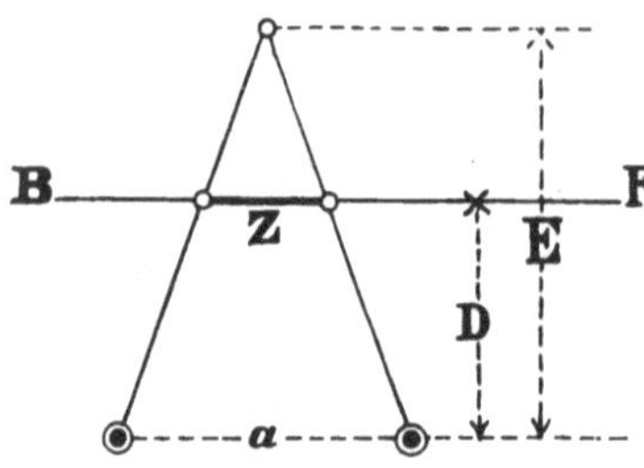

Fig. 10.

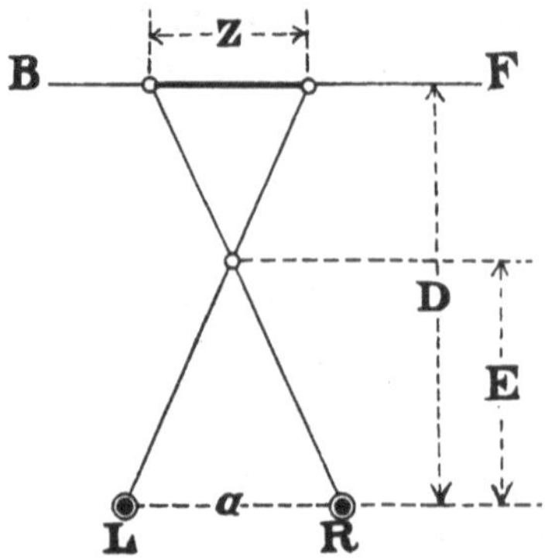

Fig. 11.

Korrespondierende Punkte eines Stereoskopbildes liegen, wie leicht ersichtlich, immer in einer zur Verbindungslinie LR — und demgemäß auch zur Horizontlinie — parallelen Geraden. Die Entfernung zweier korrespondierender Punkte unter sich kann im ersten Falle nie größer als der Augenabstand a sein, weil sonst die Sehlinien von den Augen nach der Bildfläche divergieren würden,[1] während diese Entfernung im zweiten Falle keiner Grenze unterworfen ist.

Will man die Entfernung Z je zweier korrespondierender

[1] Helmholtz erläutert (Physiolog. Optik, II. Aufl., S. 799), wie sich unter gewissen Umständen auch Halbbilder, deren korrespondierende Punkte weiter als der Augenstand a voneinander entfernt sind, bei denen die Sehlinien also divergieren, dennoch zu einem Ganzbilde vereinigen lassen.

Punkte bestimmen, so ergibt sich solche für den ersten Fall aus der Proportion (vergl. Fig. 10):

$$Z : a = (E - D) : E, \text{ woraus } Z = \frac{a(E - D)}{E}. \tag{24}$$

Für $E = \infty$ wird $Z = a$, d. h. unendliche Entfernung wird mit paralleler Stellung der Augenachsen gesehen. Für den zweiten Fall erhält man Z aus der Proportion (vergl. Fig. 11):

$$Z : a = (D - E) : E, \text{ woraus } Z = \frac{a(D - E)}{E}. \tag{25}$$

Diese Formeln zeigen ebenfalls, daß ein Vergrößern oder Verkleinern der Werte von Z, oder was dasselbe ist, ein Auseinanderrücken oder Zusammenschieben der korrespondierenden Punkte, bezw. Verkleinerung oder Vergrößerung der Parallaxe eine Vergrößerung oder Verkleinerung der Entfernung E zwischen Objekt und Augen bedingt. Man kann dies ganz allgemein auch so ausdrücken: Zunehmende Konvergenz der Visierlinien ist ein Zeichen der Annäherung, abnehmende Konvergenz der Visierlinien ein Zeichen wachsender Entfernung des Objektes.

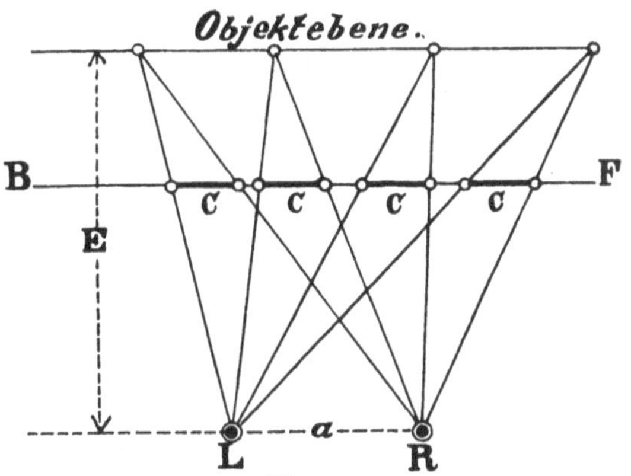

Fig. 12.

Besteht das Objekt aus einer ebenen Fläche, bezw. ist das Objekt auf einer ebenen Fläche dargestellt, welche parallel zur Bildfläche liegt, so ist E für jeden Punkt des Objektes gleich groß (vergl. Fig. 12) und da a eine Konstante ist, wird in diesem Falle die Entfernung zweier korrespondierender Punkte ebenfalls eine Konstante $= C$. Hieraus folgt weiter, daß die zwei Halbbilder eines ebenen, zur Bildfläche parallel liegenden Objektes kongruente Figuren sind. Es müssen daher je zwei nebeneinander gelegte beliebige, jedoch kongruente Bilder, stereoskopisch betrachtet, immer zu einem Ganzbilde verschmelzen, das naturgemäß den Eindruck eines ebenen Bildes hervorruft.

Ist nun bei solchen ebenen Bildern die Entfernung zweier korrespondierender Punkte nicht immer die gleiche (C), sondern ab und zu etwas größer oder kleiner als C, z. B. $C+x$ oder $C-x$ (vergl. Fig. 13), so entspricht die Entfernung der zuge-

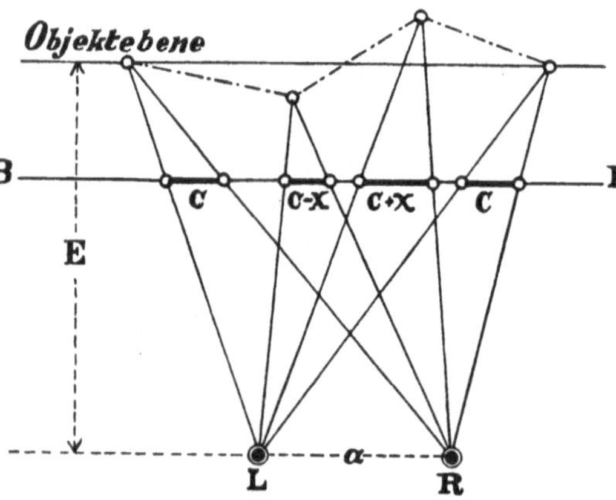

Fig. 13.

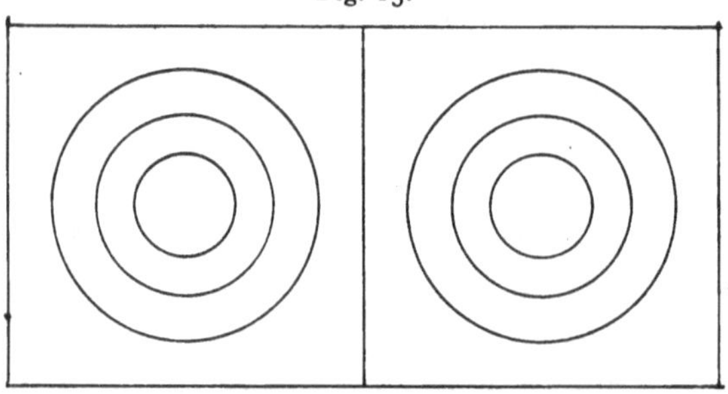

Fig. 14.

hörigen Objektpunkte nicht mehr der Entfernung E, sondern Objektpunkten, die weiter oder näher als E von den Augen entfernt sind. Diese Objektpunkte können deshalb beim stereoskopischen Betrachten nicht mehr in der gleichen Objektebene liegen, sondern es findet ein reliefartiges Verschieben der betreffenden Objektpunkte statt. Es wird dies durch das stereoskopische Betrachten der Figuren 14—16 sehr anschaulich.

Fig. 14 stellt drei konzentrische, in einer Ebene liegende

Kreise dar, bei welchen die Entfernung der korrespondierenden Punkte richtig konstruiert, d. h. in diesem Falle eine Konstante ist, weshalb die drei Kreise, stereoskopisch betrachtet, in einer Ebene liegen. Fig. 15 zeigt dieselben Kreise, bei denen aber die Entfernung der korrespondierenden Punkte der beiden inneren Kreise etwas zu klein angenommen ist, was einem kleineren E entspricht, weshalb nun die inneren Kreise, stereoskopisch betrachtet, nicht mehr in, sondern vor der Ebene des äußeren

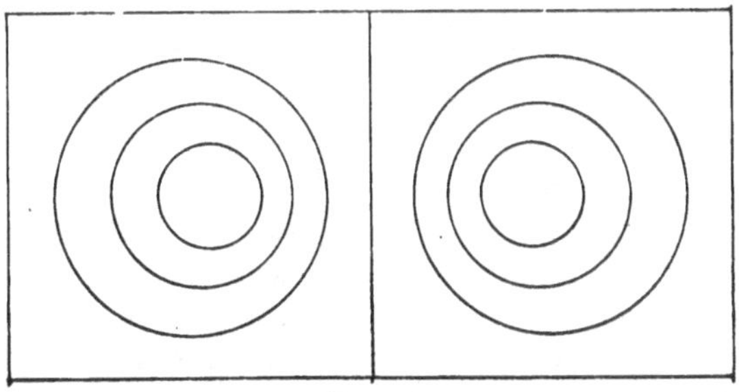

Fig. 15.

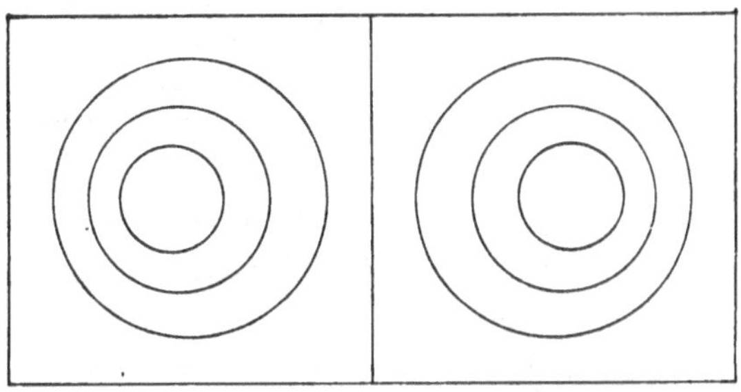

Fig. 16.

Kreises liegen, und zwar der kleinste Kreis auch noch vor der Ebene des mittleren, so, daß die drei Kreise in drei verschiedenen Ebenen erscheinen. Vertauscht man die Halbbilder der Fig. 15 in ihrer Stellung, so entsteht Fig. 16, bei welcher die Entfernung der korrespondierenden Punkte der kleineren Kreise zu groß ist, mithin einem größeren E entspricht, weshalb die kleineren Kreise, stereoskopisch betrachtet, nun wohl in der Mitte des großen Kreises, aber nicht in, sondern hinter dessen Ebene erscheinen, und zwar ebenfalls in verschiedenen Ebenen.

Wie außerordentlich empfindlich das Stereoskop für die

geringste Ungenauigkeit in der Entfernung korrespondierender Punkte ist, hat DOVE[1] an verschiedenen überraschenden Beispielen gezeigt. Legt man z. B. einen echten und einen gefälschten Papierschein in ein Stereoskop ein, so wird sich jede, auch noch so geringe Abweichung des gefälschten Scheines, sei es in Schrift oder Zeichnung, sofort dadurch verraten, daß die betreffende Stelle aus der allgemeinen Ebene heraustritt, und analog den Figuren 15 und 16 bald vor, bald hinter jener Ebene erscheint.

Nachdruck ist vom ersten Druck mittels des Stereoskopes leicht und sicher zu unterscheiden, ebenso falsche von echten Banknoten, denn sobald das eine Halbbild Nachdruck, bezw. falsche Banknote, und das andere Halbbild Originaldruck, bezw. eine echte Banknote ist, ruft die geringste Abweichung zwischen Original und Fälschung unter dem Stereoskop mehr oder weniger starke Reliefveränderungen des Ganzbildes hervor.

Nachdruck ist vom ersten Druck mittels des Stereoskopes leicht und sicher zu unterscheiden, ebenso falsche von echten Banknoten, denn sobald das eine Halbbild Nachdruck, bezw. falsche Banknote, und das andere Halbbild Originaldruck, bezw. eine echte Banknote ist, ruft die geringste Abweichung zwischen Original und Fälschung unter dem Stereoskop mehr oder weniger starke Reliefveränderungen des Ganzbildes hervor.

Fig. 17.

Auch an zwei echten Exemplaren desselben Wertpapieres zeigen sich solche Teile, die mit verschiedenen Platten gedruckt sind, stereoskopisch betrachtet, gewöhnlich in verschiedenen Ebenen, und man kann deshalb mittels des Stereoskopes leicht herausfinden, wie viele Platten bei dem Bedrucken des Papieres verwendet wurden. Ebenso leicht und sicher ist mittels des Stereoskopes der Nachdruck eines Buches von dem Originaldruck zu unterscheiden. Wenn derselbe Satz mit denselben Typen zweimal gesetzt wird, so wird es ohne besondere Vorsichtsmaßregeln niemals zutreffen, daß alle Abstände der Buchstaben in beiden Sätzen absolut gleich sind. Die Folge davon ist, daß beim stereoskopischen Betrachten solcher Drucke bald einzelne Buchstaben, bald Worte oder ganze Zeilen gegen die anderen vor- oder zurückstehen (vergl. Fig. 17).

---

[1] W. H. DOVE, Optische Studien, Berlin 1859.

In ähnlicher Weise eignet sich das Stereoskop ganz vorzüglich, um Maßstäbe hinsichtlich der Genauigkeit ihrer Teilung zu kontrollieren. Man braucht nur zwei verschiedene Teile desselben Maßstabes stereoskopisch zum Decken zu bringen. Sind die Teilstriche gleich weit voneinander entfernt, so erscheinen dieselben in ein und derselben Ebene, im anderen Falle treten einzelne Teilstriche vor, andere zurück.

Selbstverständlich verhält es sich ebenso mit den Halbbildern von körperlichen Objekten. Jede Ungenauigkeit in der Entfernung korrespondierender Punkte bedingt im Ganzbilde eine Verschiebung der Objektpunkte, so daß ein solches Ganzbild nicht mehr den völlig gleichen Effekt wie das reelle Objekt hervorrufen kann.

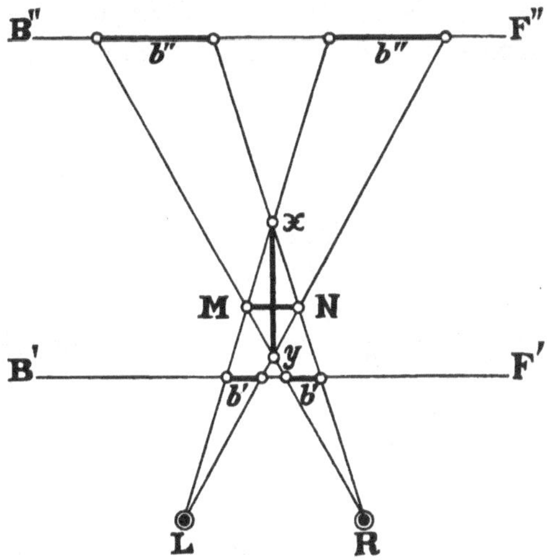

Fig. 18.

Hiernach sollte man annehmen, daß durch die genaue Konstruktion der korrespondierenden Punkte eines Objektes, also durch die beiden Halbbilder, nur *ein* ganz bestimmtes Objektbild als Ganzbild hervorgerufen werden könne. Nichtsdestoweniger gibt es Fälle, in denen dies nicht zutrifft, wie dies in Fig. 18 gezeigt werden soll. Ist als Objekt die in der Horizontebene liegende Gerade MN gegeben, so erhält man dessen Halbbilder für den ersten Fall in b', für den zweiten Fall in b''. Genau dieselben Halbbilder erhält man aber, wenn man die ebenfalls in der Horizontebene liegende Gerade xy als Objekt annimmt. Die Halbbilder b' bezw. b'' können daher im Ganzbilde sowohl den Eindruck der Geraden MN, wie den der Geraden xy hervorrufen. Dieser „Wettstreit“ der Bilder erscheint in noch auffälligerer Form, wenn man sich die Gerade MN als Projektion eines Kreises, die Gerade xy als Projektion einer Ellipse denkt, deren kleinere Achse $= MN$ ist. Alsdann können die Halbbilder b' bezw. b'' als Ganzbild die Gestalt eines zur Bildfläche parallelen Kreises, oder einer normal zur Bildfläche stehenden Ellipse hervorrufen.

Zeichnerische Darstellung stereoskopischer Bilder.

Wir beginnen mit den Halbbildern des ersten Falles — Bildfläche zwischen Objekt und Augen. Nimmt man, wie bei den Tabellen I und II, den Augenabstand a, die Entfernung D, sowie die Bildbreite b und deren Abstand ε als gegeben an, so sind damit die Objektbreite MN $(= G)$ und die Entfernung E des Objektes von den Augen festgelegt. Bei den seitherigen Betrachtungen wurde das Objekt G stets als eine ebene, zur Bildfläche parallele Fläche angesehen, so daß dasselbe durch seine Breite MN in seiner Stellung zu Augen und Bildfläche fixiert war.

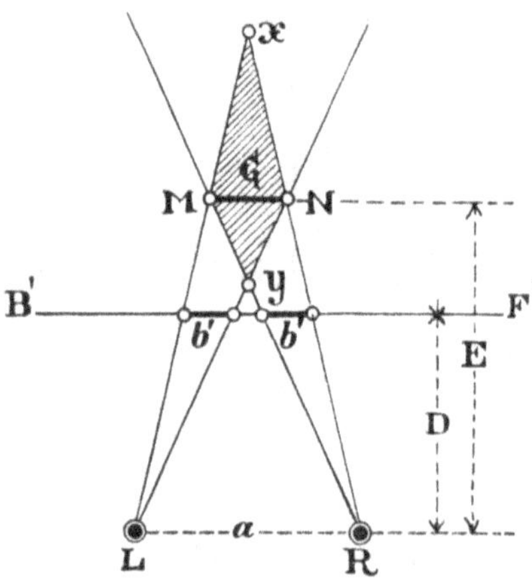

Fig. 19.

Sobald aber das ebene Objekt nicht mehr parallel zur Bildfläche steht oder körperliche Objekte in Frage kommen, gestaltet sich das Konstruktionsschema dadurch anders, daß nicht mehr alle Objektpunkte gleich weit von der Bildfläche entfernt sind, mithin die Größe E verschiedenen Schwankungen unterworfen ist. Verlängert man in Fig. 19 die äußeren der aus L und R nach MN gezogenen Sehstrahlen bis zu deren Schnittpunkt x, so entsteht der schraffierte Raum $Mx\,Ny$, den wir den Objektraum nennen wollen. Ein Blick auf die Figur zeigt sofort, daß alle Sehstrahlen, die von den Augen nach jedem denkbaren Punkte innerhalb dieses Objektraumes gezogen werden können, die Bildfläche BF innerhalb der Bildbreiten b schneiden. Ist nur ε gegeben, also nur die inneren Grenzen von b, so braucht das Objekt nur die Seiten yM und yN zu berühren. Besteht das Objekt aus einer ebenen Fläche, welche der Bildfläche nicht parallel ist, so kann dasselbe höchstens drei Seiten des Objektraumes berühren, sofern man das eine Ende der Objektfläche an den Punkten M oder N anstoßen läßt, da jeder dieser Punkte gleichzeitig zwei Seiten des Objektraumes angehört; in allen anderen zur Bildfläche nicht parallelen Lagen kann die Objektfläche selbstverständlich nur zwei Seiten des Objektraumes berühren, wodurch alsdann eine entsprechende Reduktion der Bildbreiten eintritt.

Ist das Objekt körperlich, so sind die Sehstrahlen Lx, LN, RM und Rx als die Grundrißprojektionen senkrechter Ebenen anzusehen, welche alsdann den prismatischen Objektraum $yMxN$ umschließen. In diesen muß das körperliche Objekt, die vier senkrechten Ebenen yM, Mx, xN und Ny berührend, eingezeichnet werden. Die früher durch Rechnung gefundene Objektbreite ist auch in diesem Falle gleich MN und die Objektentfernung von den Augen gleich E, welches also nicht etwa die Entfernung des den Augen zunächst liegenden Teiles des Objektes darstellt, sondern eine Art Mittelwert zwischen den Entfernungsgrenzen eines Objektes.

In vielen Fällen wird die Grundrißform eines Objektes derart sein, daß es nicht möglich ist, sie in den Objektraum so einzuzeichnen, daß sie alle vier Seiten desselben berührt. Man wird alsdann im einzelnen Falle zu entscheiden haben, ob die Festlegung der inneren oder der äußeren Grenzen der Halbbilder b für die stereoskopische Darstellung des Gegenstandes am vorteilhaftesten ist.

Dies vorausgeschickt, soll nun die Konstruktion stereoskopischer Halbbilder an einem Beispiele gezeigt werden. Behufs der allgemeinen Disposition der zu entwerfenden Zeichnung vergleicht man zweckmäßigerweise die Tabellen I und II, um sich über die Dimensionen der hauptsächlichsten in Betracht kommenden Größen im allgemeinen zu unterrichten, und entschließt sich dann für die Größenannahme von a, D, b und ε. Falls diese

Größen von den in den Tabellen I und II angenommenen abweichen, rechnet man mit Hilfe der Gleichungen (6) bis (9), Seite 9, die zugehörigen Werte von G und E aus. Dann trägt man maßstäblich diese Größen in einem Grundriß in der Weise auf, wie dies in Fig. 20 geschehen ist, und zeichnet das Objekt in den Objektraum, dessen Seiten berührend, ein.

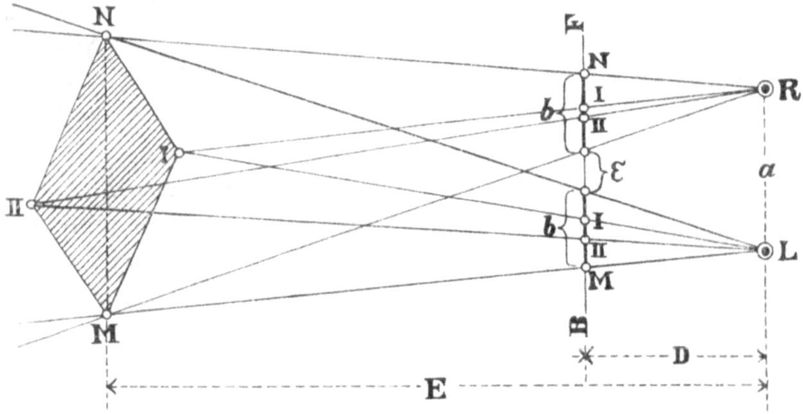

Fig. 20.

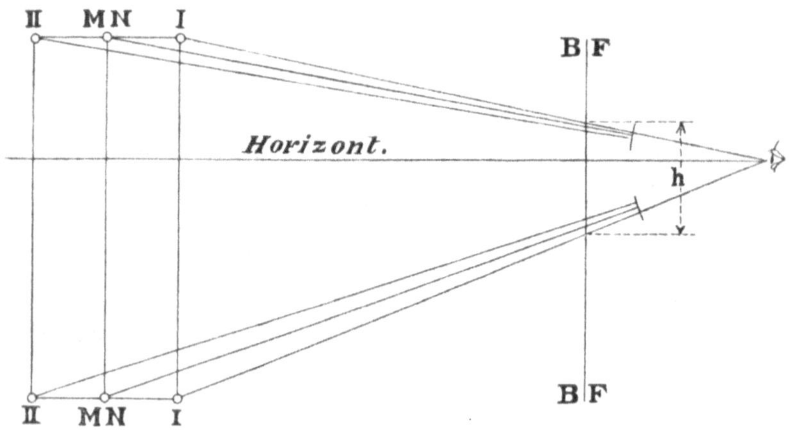

Fig. 21.

Um nun die korrespondierenden Punkte auf dem zu L gehörigen Halbbilde zu bekommen, zieht man von L nach den Objektpunkten $I\,M\,II\,N$ Sehstrahlen und bestimmt deren Schnittpunkte mit der Bildfläche $B\,F$. In der gleichen Weise verfährt man hinsichtlich des zu R gehörigen Halbbildes. Sodann zeichnet man zu dem Grundriß (Fig. 20) — am besten gleich darüber oder darunter — einen Aufriß (siehe Fig. 21), in welchem zunächst der Augenstandpunkt und die dadurch bestimmte Horizonthöhe aufgetragen wird. Den Aufriß des Objektes zeichnet man alsdann in der zum Horizont gewünschten Höhenlage auf und gibt den Vertikaldurchschnitt der Bildfläche an. Darauf zieht man Sehstrahlen vom Augenstandpunkte nach den verschiedenen Objektpunkten *I*, *M*, *N* und *II* und bestimmt den Schnitt derselben mit der Bildfläche. Hiermit sind alle Punkte zum Aufzeichnen der Halbbilder gegeben. Man trägt nun (vergl. Fig. 22) zunächst die Horizontlinie auf, und von einem beliebigen Punkte derselben ausgehend, die Entfernungen ε und b mit den Unter-

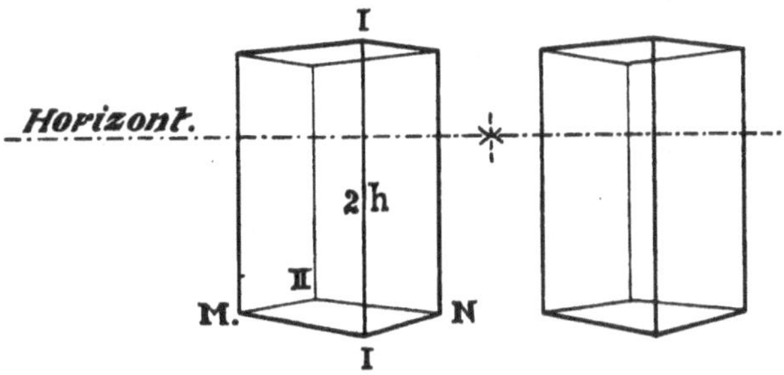

Fig. 22.

abteilungen von b, das sind diejenigen korrespondierenden Punkte, welche in Fig. 20 auf den beiden Strecken b gefunden wurden. Dann trägt man für jeden der korrespondierenden Punkte vom Horizonte an auf- bezw. abwärts die zugehörigen Höhen auf, wie sich solche in Fig. 21 aus dem Schnitte der Sehstrahlen mit der Bildfläche ergaben, und verbindet diese Punkte in der dem Objekte entsprechenden Reihenfolge. (In Fig. 22 wurden die Maße für b und ε, sowie die zugehörigen Höhen der Figuren 20 und 21 verdoppelt, weil sonst die Halbbilder gar zu klein geworden wären.)

In analoger Weise verfährt man bei der Konstruktion von Stereoskopbildern des zweiten Falles — Objekt zwischen Augen und Bildfläche. Auch hier wird man sich zunächst über die Größen von b und ε schlüssig machen und dann für die Entfernung E eine Bestimmung treffen, da dieselbe innerhalb der

Grenzen normaler Sehweite liegen muß (vergl. Fig. 23). Sodann berechnet man mittels der Gleichungen (18) bis (23), Seite 14, die Werte von D und G, trägt diese Werte im Zusammenhange mit den zuerst angenommenen maßstäblich auf und zieht die Sehstrahlen von L und R, die Objektbreite bei M und N berührend, bis zur Bildfläche. Hierdurch bildet sich wieder der Objektraum $M x N y$, in welchen, dessen vier Seiten berührend, das Objekt eingezeichnet werden muß, sofern b und ε gegeben sind. Ist dagegen nur ε gegeben, also nur die inneren Grenzen von b, dann braucht das Objekt nur die beiden Seiten Mx und Nx zu berühren, wie dies ähnlich schon Seite 26 ausgeführt wurde.

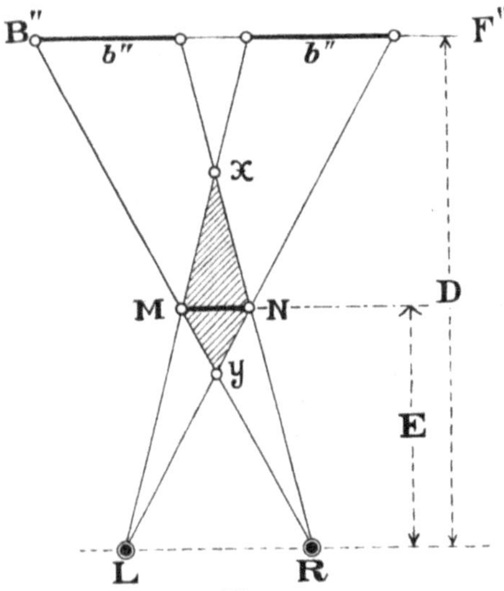

Fig. 23.

Der weitere Verlauf der Konstruktion ist der gleiche, wie er für den ersten Fall, Fig. 20—22, gezeigt wurde. Man zeichnet Grundriß und Aufriß, bringt die von den Augen nach den Objektpunkten gerichteten Sehstrahlen in ihrer Verlängerung mit der Bildfläche zum Schnitt und trägt die so erhaltenen Punkte analog der Fig. 22 von einem beliebigen Punkte der Horizontlinie aus nach beiden Seiten auf. Selbstverständlich muß man in diesem zweiten Falle darauf achten, daß die Halbbilder übers Kreuz liegen, d. h. daß das zum rechten Auge gehörige Halbbild auf der linken, das zum linken Auge gehörige auf der rechten Seite des Beschauers liegt.

Hat man es bei der Konstruktion von Halbbildern des zweiten Falles mit sehr großen Dimensionen zu tun, so ist es ratsam, die ganze Figur in einem kleineren Maßstabe, etwa in $^1/_2$ oder $^1/_3$ u. s. w. aufzuzeichnen und die dann erhaltenen Halbbilder entsprechend, zwei-, dreimal u. s. w., zu vergrößern, wie dies bei

Fig. 22 auch geschehen ist. Bei komplizierter Gestalt des Objektes muß man die mannigfaltigen Hilfsmittel der Perspektive mit zu Rate ziehen, ja selbst bei einfachen Figuren wird dies, schon der Kontrolle wegen, kaum zu umgehen sein. So empfiehlt es sich unter allen Umständen, für alle gegen den Horizont geneigten Linien die korrespondierenden Fluchtpunkte für den Standpunkt von L und den von R aufzusuchen, um die Richtung aller nach der Tiefe hin verlaufenden Linien genau festzulegen.

Ist die Gestalt eines Objektes derart, daß dasselbe durch eine, senkrecht zur Bildfläche, durch die Mitte des Augenabstandes a geführte Achse in zwei kongruente Hälften geteilt wird, so liegt auf der Hand, daß die beiden Halbbilder symmetrische Figuren werden, in welchem Falle man selbstverständlich nur ein Halbbild konstruieren und dasselbe alsdann symmetrisch zur Mittelachse wiederholen wird.

Hinsichtlich der Frage: ob man stereoskopische Bilder aneinanderstoßend oder mit einem Abstande ε voneinander konstruieren soll, wäre noch anzuführen, daß dies bei den Bildern des ersten Falles an und für sich ziemlich einerlei ist und mehr von der Gestaltung des Objektes abhängt. Bei größeren Bildern des zweiten Falles wird man jedoch stets einen Abstand ε zwischen denselben annehmen müssen und zwar um so größer, je größer die Entfernung zwischen der Bildfläche und den Augen ist, weil sonst bei den unvermeidlichen Schwankungen des Instrumentes, mit welchem größere Halbbilder des zweiten Falles betrachtet werden müssen, das getrennte Besehen beider Bilder nicht gut möglich ist.

Stereoskopische Instrumente.

Stereoskopbilder des ersten und dritten Falles lassen sich bei einiger Übung leicht ohne jegliches Hilfsmittel zum plastischen Ganzbilde vereinigen. Jedoch haftet demselben alsdann der Übelstand an, daß man zu beiden Seiten des körperlichen Ganzbildes gleichzeitig die Halbbilder mitsieht, also drei Bilder vor Augen hat. Es rührt dies daher, daß man mit dem rechten Auge außer dem rechten auch das linke, und mit dem linken Auge auch das rechte Halbbild mitsieht. Diesem Übelstande ist in einfacher Weise dadurch abzuhelfen, daß man senkrecht zur Mitte zwischen beiden Halbbildern eine nach der Mitte des Augenabstandes führende Scheidewand aufstellt. Hierdurch kann jedes Halbbild nur mit dem ihm zugehörigen Auge betrachtet werden, auch wird durch die Scheidewand die Sehrichtung beschränkt, weshalb man das Ganzbild rascher auffindet. Das Bestreben, die Vereinigung der Halbbilder zum Ganzbilde möglichst zu erleichtern, führte zur Erfindung besonderer Instrumente, Stereoskope (Körperseher) genannt, denen indessen noch außerdem die Eigenschaft zukommt, gewisse Arten von Halbbildern zum Ganzbilde zu vereinigen, die ohne ein solches Hilfsmittel nicht zu einem Ganzbilde zu vereinigen wären.

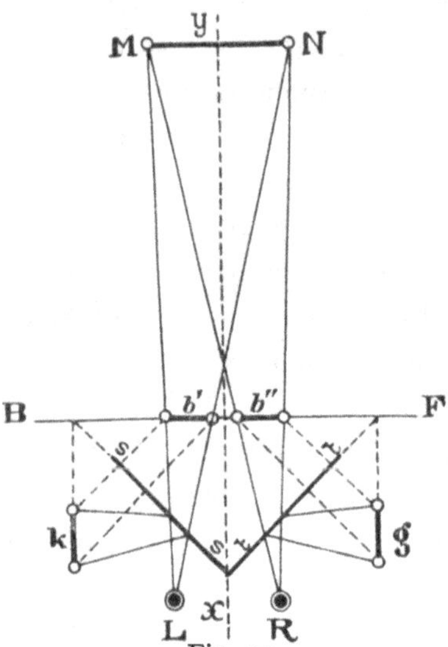

Fig. 24.

Der Erfinder des ersten Stereo-

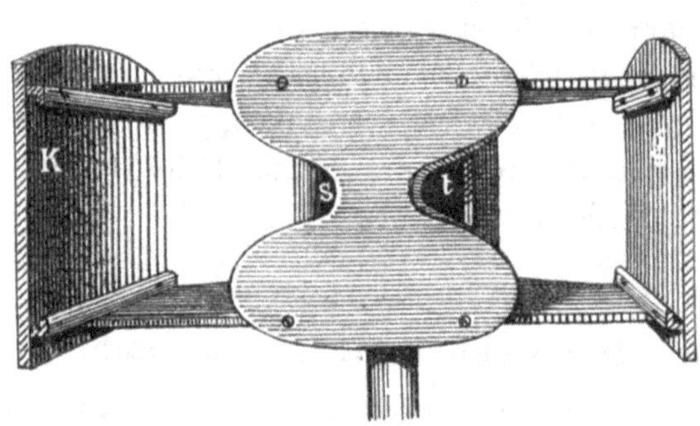

Fig. 25.

skopes war Wheatstone; das Wesen des von ihm konstruierten Stereoskopes ist in Fig. 24 zur Anschauung gebracht,[1] während Fig. 25 dessen äußere Erscheinung darstellt.

---

[1] Nach Joh. Müller, Lehrbuch der Physik und Meteorologie. 8. Aufl. Band II, S. 323ff.

L und R seien die beiden Augen, MN das Objekt, BF die Bildfläche, b' und b'' die Halbbilder des Objektes. Ferner seien s und t zwei symmetrisch zur Mittelachse xy angebrachte, rechtwinklig gegeneinander gerichtete Spiegel, deren Ebenen vertikal stehen. Stellt man nun links von L und parallel zur Mittelachse xy bei k das zu L gehörige Halbbild von MN auf und bei g das zu R gehörige, so sieht jedes Auge in den Spiegeln (L in s und R in t) nur das für dasselbe bestimmte Bild, und zwar erscheint das Spiegelbild von k in b' und das Spiegelbild von g in b''. Es müssen daher diese beiden Spiegelbilder wieder die körperliche Vorstellung von MN als Ganzbild hervorbringen. Der Vorteil, den die Benutzung dieses Stereoskopes vor dem direkten Betrachten der Halbbilder b' und b'' gewährt, besteht vor allem darin, daß die Spiegelbilder k und g recht gut übereinandergreifen dürfen, da jedes derselben doch nur mit einem Auge gesehen werden kann. Wegen dieses statthaften Übereinandergreifens der Bilder k und g sind dieselben auch nicht mehr an das Maximalmaß von $b = 65$ mm gebunden, sondern können bedeutend breiter werden.

Da bei dem Wheatstoneschen Stereoskope das Betrachten durch keinerlei Linsen unterstützt wird, so müssen die Spiegelbilder innerhalb der deutlichen Sehweite eines normalen Auges (25 cm) erscheinen und hiernach muß die seitliche Entfernung der Bilder k und g bemessen werden.

Als Nachteile sind anzuführen, daß die Bilder k und g erst aus b' und b'' abgeleitet werden müssen, ferner das empfindliche Einstellen der Bilder k und g, weil beim geringsten gegenseitigen Verschieben derselben Reliefveränderungen des Objektes unvermeidlich sind und endlich die mangelhafte, namentlich ganz ungleiche Beleuchtung der beiden Halbbilder.

Weitaus bequemer ist das von Brewster[1] erfundene Stereoskop, das eine außerordentliche Verbreitung gefunden hat. Dasselbe besteht im wesentlichen aus einem Kästchen mit trapezförmigen Seitenflächen (siehe Fig. 26 und 28), an dessen kleinerer oberen

[1] Brewster, The Stereoscope, London 1856.

Grundfläche sich zwei Okularöffnungen befinden. An der breiteren unteren Grundfläche befindet sich eine mat:e Glasscheibe und dicht über derselben ein Schlitz zum Einschieben der Bilder. Zu deren Beleuchtung ist an der einen Breitseite eine, innen häufig mit einem Spiegel versehene Klappe angebracht. Die Mattscheibe am Boden ermöglicht es, auch transparente Bilder zu betrachten, eine Trennungswand im Innern bewirkt, daß jedes Auge nur das ihm zugehörige Bild sehen kann.

Ist, wie dies als Regel stattfindet, die Breitenausdehnung MN eines Objektes im Verhältnis zum Augenabstand sehr groß und werden dann die Halbbilder ab und $a'b'$ des Objektes auf der

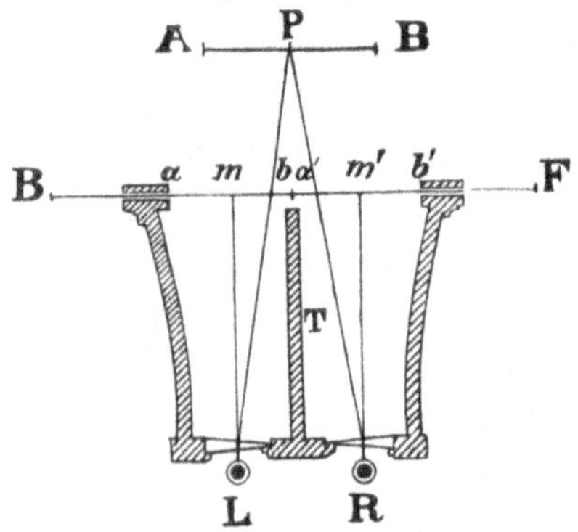

Fig. 26.

Bildfläche entwickelt, so findet man, daß dieselben selbst für den Fall noch teilweise übereinandergreifen, daß man die Bildfläche wesentlich näher als in normaler Sehweite vor den Augen anordnet.

Würde man diese beiden Halbbilder, jedes seiner ganzen Ausdehnung nach, nur mit dem ihm zugehörigen Auge betrachten können, so hätte man vor den Augen nur entsprechende Konvexlinsen — Mittelpunktlinse vor Mittelpunktaugen — anzubringen, um die optischen Bilder von ab und $a'b'$ in normaler Sehweite zu erhalten, womit deren Verschmelzung zum Ganzbilde eintreten würde. Das Übereinandergreifen dieser optischen Bilder wäre bedeutungslos, weil jedes nur mit einem Auge gesehen würde.

Um nun das getrennte Betrachten der Halbbilder ab und $a'b'$ zu ermöglichen, schlug Brewster vor, die beiden Halbbilder

ab und $a'b'$ getrennt zu konstruieren[1] und dann nebeneinander und aneinanderstoßend auf einer Ebene zu vereinigen. Natürlich werden hierdurch die korrespondierenden Punkte der Bilder um eine Konstante zu weit voneinander entfernt. Die Halbbilder ab und $a'b'$ lassen sich deshalb, von L und R aus gesehen, nicht mehr in der richtigen Weise vereinigen, weshalb sie möglicherweise kein, im besten Falle aber ein dem Objekte nicht entsprechendes Ganzbild hervorrufen würden.

Zur Korrektur dieses Fehlers ordnete Brewster Prismen an, deren brechende Kante nach innen gerichtet ist bezw. er vereinigte die Wirkung von Konvexlinse und Prisma dadurch, daß er nur Hälften von Linsen anwandte, und sie mit dem Rande nach innen an der Augenöffnung des Stereoskopes anbrachte

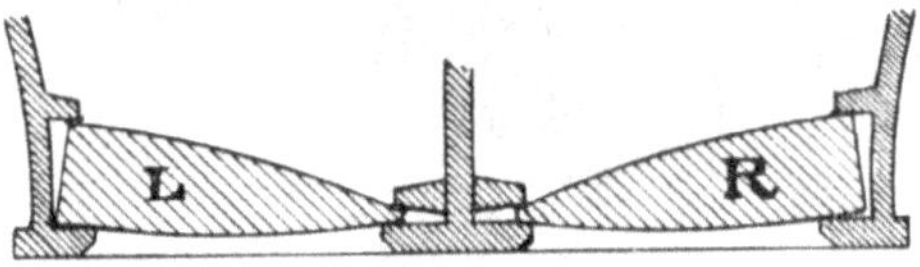

Fig. 27.

(vergl. Fig. 27). Auf diese Weise werden z. B. die Sehstrahlen Lm und Rm' (Fig. 26) in die Richtung LP und RP abgelenkt, die optischen Bilder von ab und $a'b'$ erscheinen in der Ebene AB und sind nun in der Lage, ein richtiges Ganzbild hervorzurufen. Die Brennweite dieser Prismenlinsen beträgt meist 15—18 cm, was zuzüglich der Brennweite der photographischen Objektive (siehe S. 18) von 10 cm wieder der deutlichen Sehweite eines normalen Auges entspricht. Fig. 28[2] zeigt die äußere Gestaltung des Brewsterschen Stereoskopes und zwar in der am meisten verbreiteten Form. Optiker Duboscq hat an diesem Stereoskope noch insofern eine Verbesserung angebracht, als er Linsen und Prismen trennte, von denen erstere verschiebbar, letztere in ihrem Neigungswinkel veränderlich sind, um so das Instrument jedem Auge anzupassen.

[1] Sei es mittels Zeichnung oder mittels Photographie. In letzterem Falle erreicht man dies am einfachsten dadurch, daß man die beiden photographischen Objektive weiter auseinander rückt, als das Maß der mittleren Augendistanz beträgt.

[2] Joh. Müller, a. a. O. S. 324 ff.

Sehr handlich ist das seit einigen Jahren in den Handel gekommene sogenannte amerikanische Stereoskop (Fig. 29). Die prismatische Linsenwirkung ist dieselbe wie bei dem Brewsterschen Instrumente. Da aber die vertikale Fläche, auf welcher die Stereoskopbilder aufgestellt werden, verschiebbar ist, so können letztere leicht verschiedener Sehweite angepaßt werden.

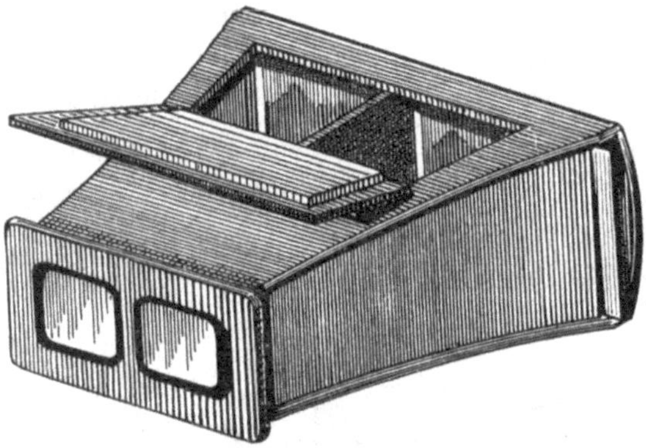

Fig. 28.

Fig. 29.

Fernere Vorzüge sind die Abblendung der Augen gegen Seitenlicht, sowie die starke Beleuchtungsfähigkeit der Halbbilder, die nicht in einem umschlossenen, nur von einer Seite beleuchteten Raume liegen, sondern ganz frei vor den Augen stehen. Endlich ist es auch als eine große Annehmlichkeit zu bezeichnen, daß man die Stereoskopbilder nicht in gebückter bezw. mit dem Kopfe stark geneigter Stellung ansehen muß, sondern sie aufrecht mit geradeaus gerichtetem Blick betrachten kann.

Die Vorzüge des Brewsterschen bezw. amerikanischen Stereoskopes beschränken sich indessen nicht nur auf das Betrachten von Streoskopbildern, sondern erstrecken sich auch auf die Konstruktion derselben, und zwar insofern, als die Konstruktionsbedingungen derselben weitaus günstiger werden.

Nimmt man auf Rechnung der Linsenwirkung D nur 100 mm und auf Rechnung der Prismenwirkung $a = 75$ mm an, so ergeben sich anstatt der Tabellen I und II für das Brewstersche Stereoskop folgende Tabellen V und VI, welche jenen gegenüber wesentlich handlichere Maße für die Konstruktion darbieten.

Tabelle V.

$D = 100$ mm, $a = 75$ mm, $\varepsilon = 0$, $b_{max.} = a = 75$ mm.

Bildbreite b in mm	Objektbreite G in mm	Entfernung zwischen Objekt und den Augen E in mm	
40	86	214	
45	112	250	
50	150	300	$G = \frac{ab}{a-b}$
55	206	375	
60	300	500	$E = \frac{aD}{a-b}$
65	488	750	
70	1050	1500	
75	∞	∞	

Tabelle VI.

$D = 100$ mm, $a = 75$ mm, $\varepsilon = 10$ mm, $b_{max.} = a - \varepsilon = 65$ mm.

Bildbreite b in mm	Objektbreite G in mm	Entfernung zwischen Objekt und den Augen E in mm	
40	120	300	
45	169	375	$G = \frac{ab}{a-(b+\varepsilon)}$
50	250	500	
55	412	750	$E = \frac{aD}{a-(b+\varepsilon)}$
60	900	1500	
65	∞	∞	

Nichtsdestoweniger bietet die Konstruktion stereoskopischer Zeichnungen für das Brewstersche Stereoskop infolge der Kleinheit der Bilder noch Schwierigkeiten genug. In den meisten Fällen ist es unerläßlich, die Zeichnungen, um sie genügend genau zu erhalten, in viel größerem Maßstabe auszuführen und dann auf photographischem Wege zu verkleinern. Damit sind aber die vielfachen Mängel und Hindernisse, welche den so kleinen Bildern als solchen anhaften, trotz der durch die Konvexlinsen des Brewsterschen Stereoskopes bewirkten Vergrößerung, noch lange nicht behoben. Helmholtz[1] suchte dem gedachten Übel-

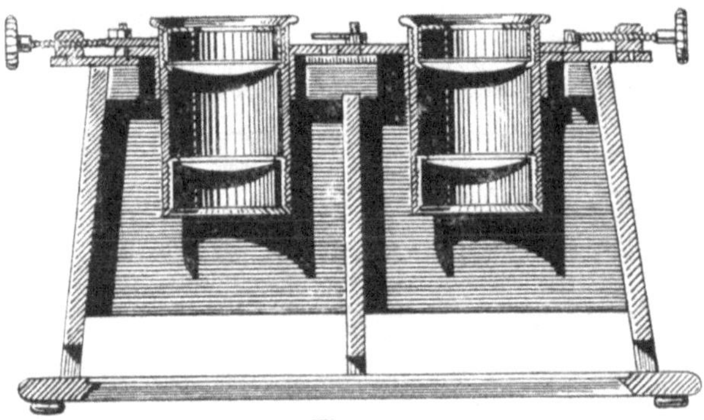

Fig. 30.

stande durch sein verbessertes Linsenstereoskop (siehe Fig. 30) abzuhelfen, indem er statt der einfachen Linsenprismen zwei Röhren einsetzte, von denen jede mit zwei plankonvexen Linsen von 12 bezw. 18 cm Brennweite versehen ist. Durch dieses doppelte Linsenpaar wird nun eine starke Vergrößerung erzielt, sie ist aber so stark, daß sie, wie Helmholtz selbst angibt, nur für Photographien auf Glas anwendbar ist. Bei anderem Material wirkt die gleichzeitig starke Vergrößerung des Kornes des Materiales so störend, daß die Bilder unscharf und verschwommen erscheinen.

Eine weitere Verbesserung an diesem Instrumente besteht darin, daß die Okularröhren durch eine Schlittenbewegung seitwärts und normal zur Augendistanz bewegt werden können und

[1] Helmholtz, a. a. O. S. 829ff.

dadurch Ungenauigkeiten in der gegenseitigen Lage der Halbbilder auszugleichen sind.

Daß die Objekte, durch ein solches Instrument gesehen, bei richtiger Einstellung, nicht nur viel größer und entfernter, sondern auch körperlicher erscheinen als durch die gewöhnlichen Instrumente — die fast immer zu starke Konvergenz verlangen —, steht außer Zweifel. Aber das Hindernis, welches die stereoskopische Darstellung einer großen Zahl von Gegenständen unmöglich macht, nämlich die kleinen Dimensionen der Halbbilder, bleibt bestehen.

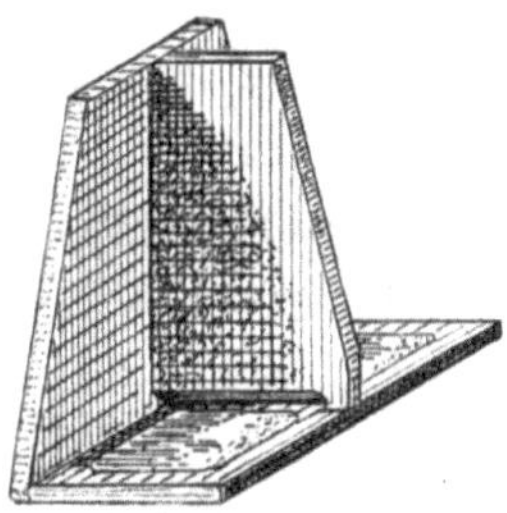

Fig. 31.

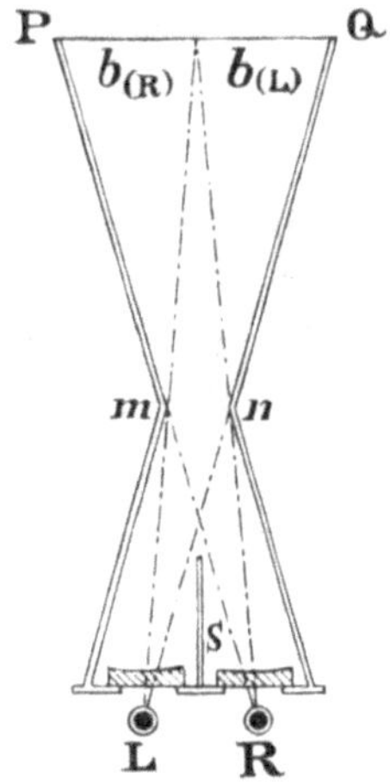

Fig. 32.

Eine Vereinfachung des BREWSTERschen Stereoskopes, jedoch ohne Linsenwirkung, bildet die von FRICK vorgeschlagene Vorrichtung, die in Fig. 31 abgebildet ist und wohl keiner weiteren Erklärung bedarf.

Zur Besichtigung von Stereoskopbildern des zweiten Falles hat STEINHAUSER ein Gegenstück zu dem BREWSTERschen Stereoskop konstruiert. Das Prinzip desselben wird durch Fig. 32 veranschaulicht. Am Boden bei PQ des Instrumentes werden die Halbbilder $b(R)$ und $b(L)$ eingeschoben. $b(R)$ entspricht dem rechten, $b(L)$ dem linken Auge. Haben die Halbbilder etwa die gleiche Größe wie diejenigen des BREWSTERschen Stereoskopes, dann beträgt die Entfernung zwischen den Augenöffnungen und den Bildern etwa 40 cm. Die Bilder werden ihrer großen Entfernung wegen durch konkave Linsen, deren Brennweite ca. 70 cm beträgt, betrachtet, welche gerade vor den Augen stehend am Deckel befestigt sind. Infolge der Einengung des Apparates bei *mn* kann das links liegende Halbbild nur mit dem rechten, das rechts liegende nur mit dem linken Auge betrachtet werden. Die Scheidewand *S* erleichtert das Auffinden der nötigen Augenstellung.

Falls bei diesem Stereoskope die Bilder — um sich nicht zu überdecken — ebenfalls auseinandergerückt werden müssen und gleichzeitig außerhalb deutlicher Sehweite liegen, müssen die Augenöffnungen des Instrumentes mit exzentrisch aufgestellten Konkavlinsen versehen werden, die alsdann hohlgeschliffene Prismen mit der brechenden Kante nach außen vorstellen.

Betrachtet man die Halbbilder des Brewsterschen Stereoskopes durch das Steinhausersche, so vereinigen sie sich ebenfalls zu einem Ganzbilde. Begreiflicherweise können in diesem Falle die Halbbilder nicht mehr kleinere zentrale Projektionen eines entfernten Objektes vorstellen, sondern nur entfernte zentrale Projektionen eines nahe gelegenen Objektes (Fall II). Infolgedessen erscheint das Ganzbild sehr nahe, klein und scharf, entspricht aber nicht mehr dem reellen Objekte. Stellen die Halbbilder des Brewsterschen Stereoskopes durchsichtige Körper dar, wie z. B. Glaskrystalle, so erscheinen sie in dem Steinhauserschen Stereoskop nicht nur klein, nahe und scharf, sondern auch mit verkehrtem Relief. Letzteres ist aber nicht durch eine Eigentümlichkeit des Steinhauserschen Instrumentes, sondern durch den Wechsel in der Lage der Bilder analog den Figg. 15 und 16 bedingt (vergl. auch S. 59).

Zur Besichtigung größerer Bilder des zweiten Falles, wie z. B. der schon erwähnten stereoskopischen Wandtafeln, schlug Steinhauser ein Kästchen nach Fig. 33 vor.[1] Dasselbe hat eine dem Brewsterschen Stereoskope ähnliche Form und wird in der Entfernung *D*, für welche die Halbbilder konstruiert sind, aufgestellt. Es besitzt an seiner schmalen Seite die Ausschnitte für die Augen

[1] A. Steinhauser, a. a. O. S. 44.

(65 mm von Mitte zu Mitte entfernt) und außerdem in kurzer Entfernung von den Augen einen Boden *vw*, der in der Mitte einen Ausschnitt enthält, welcher, wie aus der Figur ersichtlich, derart gewählt ist, daß man die Halbbilder nur übers Kreuz, also das linke mit dem rechten Auge und umgekehrt, betrachten kann. Steinhauser ließ sich bei der Gestalt dieses Kästchens offenbar durch die Gestalt des Brewsterschen Stereoskopes leiten, obgleich letztere hier nicht ganz angebracht erscheint. Bei dem Brewsterschen Stereoskope entspricht dessen äußere Form den von den Augen

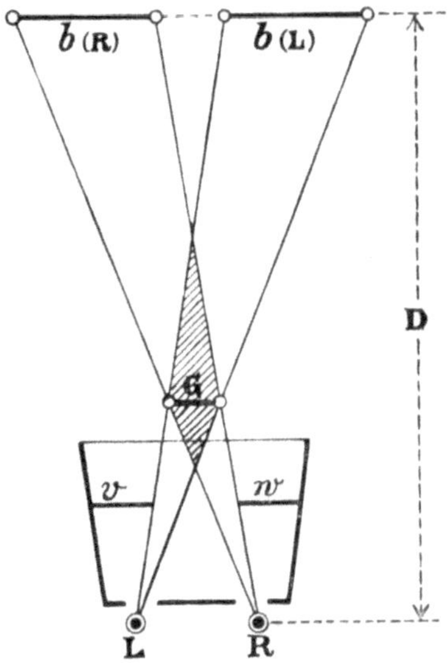

Fig. 33.

nach der seitlichen Begrenzung der Halbbilder divergierenden Sehrichtungen, während es sich beim kreuzweise Betrachten des zweiten Falles um stark konvergierende Sehrichtungen handelt.

Es erscheint deshalb natürlicher, dieses Kästchen nach Fig. 34 auszubilden. Dies bietet außerdem noch den Vorteil, daß der Boden *vw* ganz entbehrt werden kann. Oder man schneidet aus einem beliebigen Stück Karton einen Ausschnitt von der Größe *ab* Fig. 34 und hält ihn in gleicher Entfernung von den Augen wie *ab*. Der Effekt ist derselbe wie bei den Kästchen Fig. 33 und 34.

Wohl noch geeigneter zur Besichtigung stereoskopischer Wandtafeln dürfte ein von mir konstruiertes Instrument sein[1], das in Fig. 35 dargestellt ist. Dasselbe besteht aus zwei innen geschwärzten Röhren *f* und *g* von etwa 25—30 mm lichter Weite und 100 bis 120 mm Länge. Das eine Ende derselben ist durch ein, wegen der Nase ausgebogenes Band *c* verbunden und zwar so, daß die Entfernung der Röhrenmittel $a = 65$ mm (mittlerer Augenabstand) beträgt. Die Röhren sind um ihre Befestigungspunkte auf Band *c*

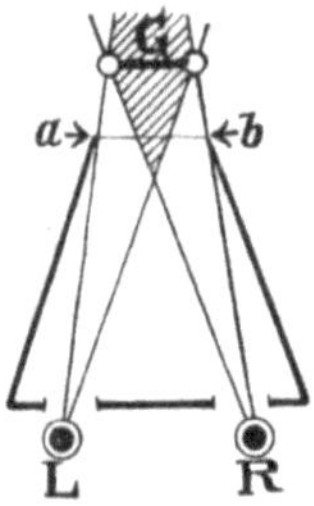

Fig. 34.

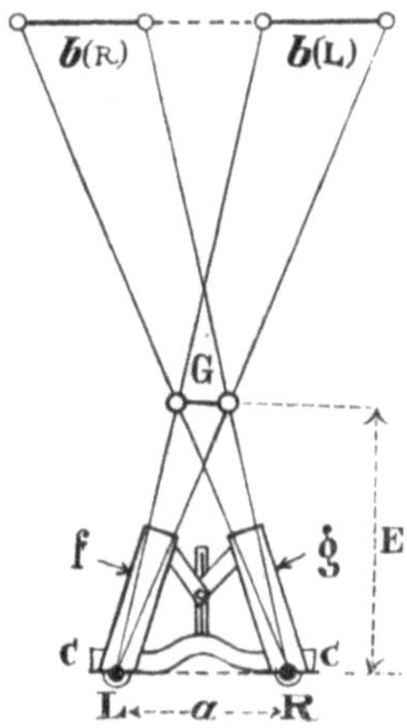

Fig. 35.

drehbar. Die anderen Enden der Röhren sind seitlich beweglich und durch ein in der Mittelachse geführtes Gelenkband verbunden, so daß den Röhren beliebige Neigung gegen ihre Mittelachse gegeben werden kann.

Vorteile dieses kleinen Instrumentes, dessen Form dem Konstruktionsprinzip der Bilder entspricht, indem es die konvergierende Sehrichtung auch äußerlich zum Ausdruck bringt, sind folgende: „Vor allem werden die Blicklinien durch die engen Röhren derart in ihrer Richtung eingeengt, daß ein Abschweifen vom Ziele gar nicht möglich ist und deshalb wird auch das Ganzbild außerordentlich schnell und sicher aufgefunden. Ferner ist das Instrument durch die Verstellbarkeit der Röhren jeder verschieden geneigten Sehrichtung, mit anderen Worten jeder verschiedenen Entfernung der Bilder anzupassen, während die vorher besprochenen Instrumente,

Fig. 33 und 34, für jede andere Richtung der Blicklinien neu konstruiert werden müssen. Auch hinsichtlich der Sehfähigkeit bei großer Entfernung der Wandtafeln ergeben sich keinerlei Schwierigkeiten, da die zwei Röhren bei großen Entfernungen als einfache Fernrohre eingerichtet werden können. Für gewöhnliche Fälle lassen sich solche Röhren leicht aus einem Stückchen Pappe herstellen und in einfacher Weise in ihrer Richtung verbinden.

Hinsichtlich des Betrachtens dieser Stereoskopbilder möge noch besonders darauf aufmerksam gemacht werden, daß die Bilder — einerlei welchen Instrumentes man sich dabei bedient —

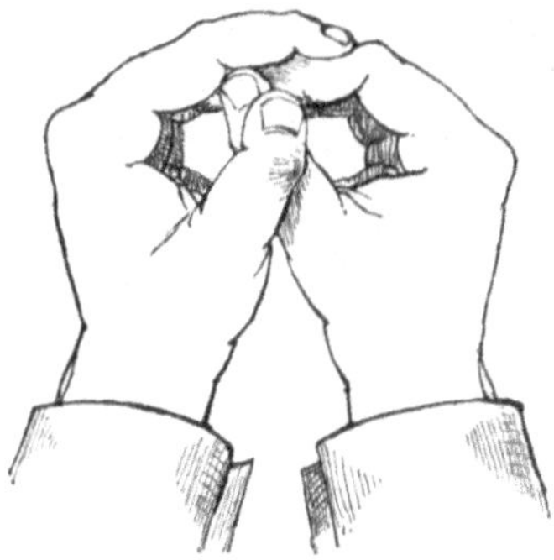

Fig. 36.

mit der Augenstellung betrachtet werden müssen, welche der Entfernung des Objektes von den Augen entsprechen, also der Entfernung *E*. Da man aber zunächst die entfernten Halbbilder einvisieren muß, so nehmen die Augen die dieser Entfernung entsprechende Augenstellung ein uud müssen, während sie die Richtung nach den Halbbildern beibehalten, für die nähere Distanz, in welcher das Objekt als Ganzbild erscheint, accommodiert werden. Bei einiger Übung geht dies leicht und rasch von statten. Ungeübten ist zu empfehlen, nachdem sie die Halbbilder durch das Instrument einvisiert haben, während die Augen unverrückt in dieser Sehrichtung verbleiben, in der ungefähren Entfernung *E* vom Auge, vor das Instrument einige Augenblicke einen Finger, Bleistift oder dergl. zu halten und diesen zu betrachten. Die Augen erhalten dadurch die für das Erscheinen des Ganzbildes erforderliche Augenstellung und dasselbe wird nach Wegzug des Fingers rasch erscheinen.

Allen solchen jedoch, die mit Hilfe eines der beschriebenen Instrumente einige Übung im Betrachten dieser Art von Stereoskopbildern erlangt haben, sei empfohlen, als einfachstes, stets gebrauchsbereites Instrument die beiden Hände zu benützen und zwar entweder nach Fig. 36, wobei der vorstehende Knöchel des einen Daumens an der Nasenwurzel eingesetzt wird, oder nach Fig. 37, in welchem Falle die Hände in einer Entfernung von etwa 20 cm von den Augen entfernt gehalten werden. In beiden Fällen ist es ein leichtes, die Handflächen derart zu drehen, daß man mit dem rechten Auge das linke Halbbild und mit dem linken Auge

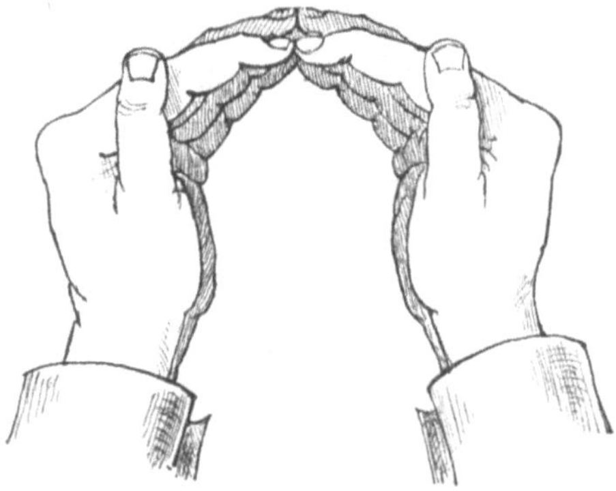

Fig. 37.

das rechte sieht. Bei Anwendung der zuletzterwähnten Händestellung (Fig. 37) erscheinen die Ganzbilder besonders schön, weil die Augen ganz frei sind und das optische Bild von der Zeichenfläche völlig losgelöst frei im Raum zur Erscheinung kommt. Von dieser Stellung aus ist auch der Übergang zum völlig freien, instrumentlosen, kreuzweisen Betrachten dieser Bilder durch langsames Auseinanderziehen der Hände leicht zu erreichen. Natürlich entsteht alsdann auch hier der auf S. 31 erwähnte Übelstand, daß man zu beiden Seiten des Ganzbildes gleichzeitig die Halbbilder mitsieht.

Schon oben wurde angeführt, daß sich die stereoskopischen Wandtafeln vorzüglich zu Unterrichts- und Demonstrationszwecken eignen. Diese Eigenschaft wird durch den Umstand erhöht, daß solche größere Wandtafeln von mehreren Personen zu gleicher

Zeit betrachtet werden können. Auf S. 27 wurde nachgewiesen, daß die rechnerische Entfernung des Objektes von den Augen E nur einen Mittelwert repräsentiert und daß jeder Punkt im sogenannten Objektraum unter den sonst angegebenen Bedingungen auf den Halbbildern zur Erscheinung kommt, folglich auch Punkte, die viel näher oder ferner als der rechnerische Wert von E angibt, liegen. Aus diesem Grunde kommt es nicht darauf an, daß beim Betrachten der Halbbilder deren Entfernung D von den Augen genau eingehalten wird. Ich habe eine Anzahl solcher Wandtafeln für eine Entfernung $D = 145$ cm konstruiert, bei denen es für die Entstehung des Ganzbildes kaum einen Unterschied macht, ob man sie aus einer um 40 oder 50 cm näheren oder weiteren Entfernung als D betrachtet und es können deshalb mehrere hintereinander befindliche Personen die Wandtafeln gleichzeitig betrachten, sofern deren Köpfe verschiedene Höhenlagen einnehmen. Aber auch seitliche Verschiebungen des Standpunktes der Beschauer sind bis zu einem gewissen Grade zulässig, so daß z. B. bei dem eben angeführten Beispiele drei bis vier Beschauer nebeneinander gleichzeitig den Effekt des Ganzbildes erhalten können.[1]

Für die Praxis eignen sich diese Bilder jedoch nicht, weil trotz des durch die Größe der Halbbilder bedingten, großen zeichnerischen Aufwandes die Ganzbilder sehr klein erscheinen, meist so klein, daß sie keinen Vorteil vor den durch das Brewstersche Stereoskop gesehenen Ganzbildern voraushaben. Außerdem wird durch die beim Betrachten der Bilder des zweiten Falles erforderliche starke Konvergenz der Blicklinien (das Schielen) eine sehr rasche Ermüdung der Augen herbeigeführt.

Es soll nun noch einer Wahrnehmung gedacht werden, die bei den Stereoskopbildern aller drei Fälle zutrifft, nämlich des Vorrechtes des Größeren, des Vorrechtes des Kontrastes. Vergleicht man ein Ganzbild mit den beiden Halbbildern, aus denen

---

[1] Handelt es sich um große derartige Bilder, welche nach photographischen Aufnahmen auf eine Wand projiziert werden, so treten zum stereoskopischen Betrachten dieser Bilder noch andere Hilfsinstrumente hinzu, wie z. B. die Miethesche Brille und verwandte Abarten derselben. Näheres siehe R. Neuhauss, Lehrbuch der Projektion, Halle 1901, S. 93ff.

es entstanden ist, so findet man, daß das Ganzbild die besonders charakteristischen Formen eines Halbbildes zur Erscheinung bringt. Erscheint auf einem Halbbilde irgend eine Fläche des stereoskopisch dargestellten Objektes breiter als auf dem anderen Halbbilde, so bringt das Ganzbild jene breitere Fläche zur Wirkung. Ist ein Halbbild im Tone heller als das andere, so erscheint das Ganzbild im helleren Tone u. s. w. Ferner ist noch zu erwähnen, daß einzelne Gegenstände, welche nur auf *einem* Halbbilde angegeben sind, wenn auch etwas schwächer im Ton, trotzdem deutlich im Ganzbilde zur Erscheinung kommen. Von dieser Eigenschaft läßt sich bei konstruierten Halbbildern von Modellen u. s. w. mit größtem Vorteil Gebrauch machen, indem man einzelne Buchstaben oder auch erläuternde Worte nur auf eines der Halbbilder zu setzen braucht. Auch mit Schattenangaben nur auf einem Halbbilde kann man zweckdienliche Wirkungen erzielen.[1]

Das Universalstereoskop.

Bei Stereoskopbildern, die mit unbewaffneten Augen betrachtet werden, um ihre Verschmelzung zu einem körperlichen Ganzbild zu erlangen, ist, wie Seite 9 nachgewiesen wurde, die Maximalbreite eines Halbbildes gleich der mittleren Augendistanz eines Menschen (65 mm). Selbst bei dem allgemein verbreiteten Brewster'schen Stereoskop, dem photographische Aufnahmen oder Zeichnungen zu Grunde liegen, deren Augendistanz zu groß (meist 75 mm) angenommen wurde, ist die Größe der Halbbilder nur auf ca. 70 mm zu steigern.

Daß dies Maß viel zu klein ist, um kompliziertere technische Objekte zur deutlichen, ausreichend großen Darstellung zu bringen (ich erinnere hier nur an Aufgaben der „Darstellenden Geometrie", wie Modelle zu Durchdringungen von Körpern, zur Schattenlehre,

[1] Eine eigentümliche Erscheinung der „stereoskopische Glanz" entsteht, wenn man die beiden Halbbilder in verschiedenen Farben ausführt, am stärksten dann, wenn das eine Halbbild mittelst schwarzer Linien auf weissem Grunde, das andere mittelst weisser Linien auf schwarzem Grunde dargestellt ist. Das Ganzbild macht alsdann den Eindruck als bestünde das Objekt aus einer dunklen, glänzenden, graphitähnlichen Masse. Näheres siehe Helmholtz, a. a. O. S. 932 ff.

Perspektive u. s. w.), liegt auf der Hand. Trotz vieler und vielseitiger Versuche war man jedoch bis jetzt nicht darüber hinausgekommen, andere stereoskopische Zeichnungen als z. B. die Darstellung von Krystallformen und Ähnliches anzufertigen, für welche schließlich auch das kleine Format ausreichend ist. Die ganz außerordentliche Klarheit und Schärfe, mit der bei stereoskopischem Betrachten gerade diese Zeichnungen erscheinen, steigerte begreiflicherweise das Verlangen, Mittel und Wege zu finden, um Zeichnungen von beliebig größerem Formate auf irgend welche Weise stereoskopisch vereinigen, d. h. plastisch sehen zu können.[1]

Eine vollständige Lösung dieser Aufgabe bietet das nachfolgend beschriebene und in den Figuren 41 bis 43 abgebildete

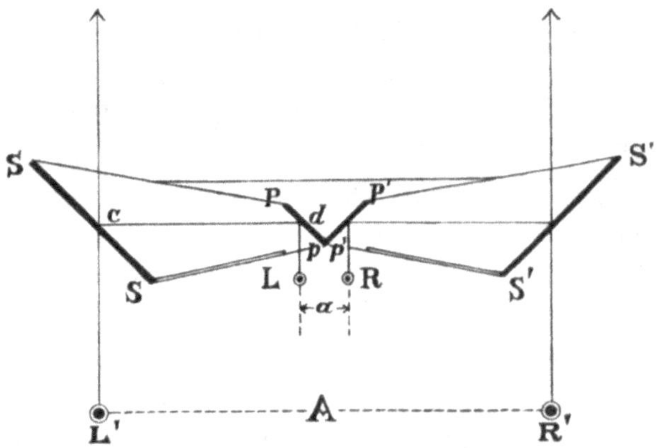

Fig. 38.

Instrument, das ich, seines universellen Charakters wegen, „Universalstereoskop" benenne.[2]

Das physikalische Prinzip dieses Instrumentes — die doppelte Spiegelung — ist dasselbe wie bei dem HELMHOLTZschen Tele-

[1] DUBOSCQ hat ein „Panoramastereoskop" benanntes Instrument konstruiert, bei welchem die Bilder über einander gelagert sind und beliebige Breite haben können, aber die Einrichtung ist für vorliegenden Zweck nicht geeignet.

[2] Ein besonderer Name erschien notwendig, um einer Verwechslung mit dem, diesem Instrumente nahe verwandten Telestereoskop vorzubeugen. Die Beibehaltung der letzteren Bezeichnung wäre um so weniger zu rechtfertigen gewesen, als durch die nachstehend erläuterte Anwendung des Universalstereoskopes vor Allem „telestereoskopischer Effekt" vermieden wird.

stereoskop, aber die Wirkung ist infolge der Konstruktion des Instrumentes, wie der dafür bestimmten Halbbilder eine wesentlich andere, da telestereoskopischer Effekt gerade vermieden werden soll und wird. Um diesen Unterschied recht klar zu machen, betrachten wir zunächst das Telestereoskop (Fernstereoskop). Dasselbe besteht (vergl. Fig. 38) aus zwei Paaren unter sich paralleler Spiegel s, s' und p p', welche gegen die Bildebene um 45^0 geneigt sind. L und R bedeuten die beiden Augen, L' und R' den scheinbaren Stand der Augen.

Bei dieser Anordnung sieht man mit beiden Augen L und R ein Objekt genau so, wie man es von den Punkten L' und R' sehen würde (unter der Voraussetzung, daß die gerade Strecke $L'c$ genau so groß ist, wie die gebrochene Strecke $c\,d\,L$). Die von L' und R' gesehenen Objektbilder werden also parallel zur Richtung $L'c$ um das Maß $L'L$ bezw. $R'R$ seitlich zusammengeschoben.

Konstruiert man diese Verschiebung (siehe Fig. 39), so ergibt sich, daß die von L' und R' nach den Objektpunkten M bezw. N gezogenen Visierlinien sich nach der Verschiebung nicht mehr in M und N, sondern wesentlich näher den Augen, in m und n schneiden. Dabei erscheint die Breite der Halbbilder von b auf β reduziert, ebenso wird die scheinbare Entfernung des Objektes verkleinert. In demselben Verhältnis verkleinern sich natürlich auch alle anderen Dimensionen des Objektes, so daß das telestereoskopische Ganzbild — wie Helmholtz sich treffend ausdrückt[1] — wie ein richtig konstruiertes verkleinertes Modell des Okjektes erscheint.

Bezeichnen wir mit a die tatsächliche Entfernung der Augen L und R, mit A die scheinbare Augendistanz $L'R'$, ferner mit E die Entfernung des Objektes von den Augen und mit e die scheinbare Entfernung des Objektes, so folgt die Größe der letzteren aus der Proportion $A:a = E:e$ und hieraus

$$e = \frac{a}{A} E \tag{26}$$

und die scheinbare Größe des Objektes, wenn unter G das Ob-

---

[1] a. a. O. S. 823.

jekt und g die scheinbare Größe des Objektes verstanden wird, aus der Proportion $A:a = G:g$, woraus

$$g = \frac{a}{A} G. \tag{27}$$

Durch den telestereoskopischen Effekt wird also die Größe des Objektes und seine Entfernung im Verhältnis von $A:a$ vermindert. Die Gegenstände werden dabei den Augen wesentlich näher gebracht, folglich wird in der Tiefenwirkung ein großer Gewinn erzielt;[1] aber die erhaltenen Bilder sind unrichtige Bilder, welche dem reellen Objekte nicht mehr entsprechen. Sie sind deshalb für den vorliegenden Zweck nicht zu gebrauchen. Anders verhält es sich mit den Bildern des Universalstereoskopes.

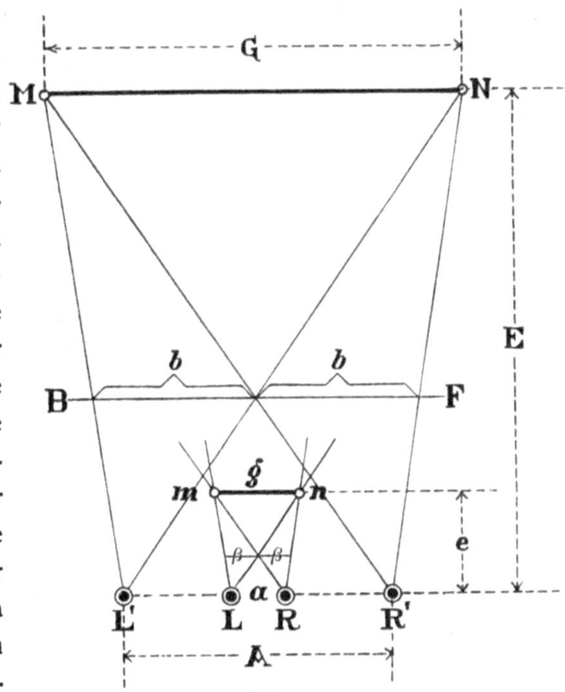

Fig. 39.

Bedeuten in Fig. 40 L und R die beiden Augen, $MN = G$ das zu betrachtende Objekt, so konnte nach der bisherigen Methode die Bildfläche, welche die getrennten Halbbilder enthält, nicht weiter, als um die Entfernung d von den Augen, in der Richtung gegen das Objekt, verlegt werden. Die Maximalgröße

[1] Auf diesem Prinzip beruhen der stereoskopische Entfernungsmesser, die Relieffernrohre und Feldstecher von CARL ZEISS, die GÖRZschen Triëder-Binocles u. s. w.

der Halbbilder beträgt alsdann $\beta = \beta'$ für den Fall, daß dieselben ohne Zwischenraum aneinanderstoßen sollen.

Ich schlage nun vor, die Bildfläche beliebig nahe an das Objekt heranzurücken, in Fig. 40 z. B. bis zur Entfernung D von den Augen. Bei dieser Lage der Bildfläche werden die Halbbilder ebenfalls beliebig groß, aber sie überdecken sich zum größten Teil so, daß sie nicht — wie es das stereoskopische

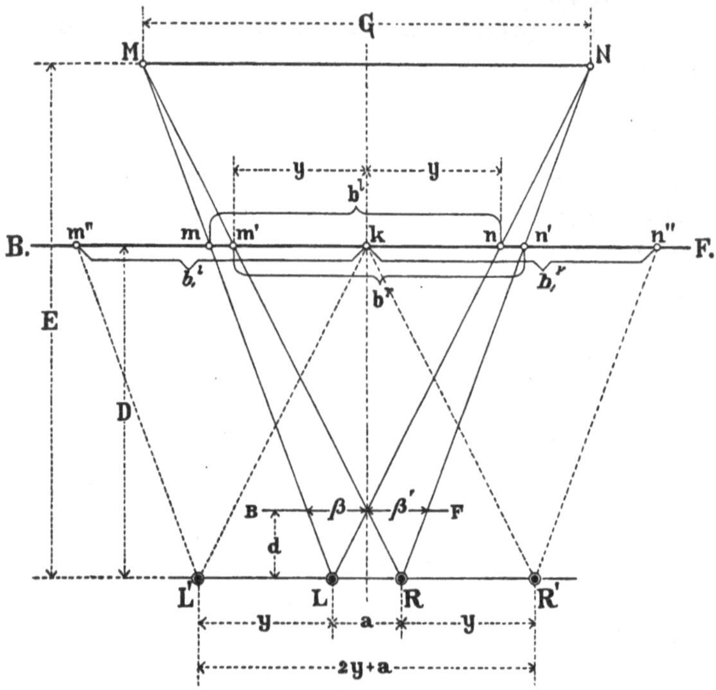

Fig. 40.

Betrachten erfordert — zwar gleichzeitig, aber jedes Halbbild nur mit dem ihm zugehörigen Auge betrachtet werden können. Nach Fig. 40 erhält man auf der Bildfläche BF, mit dem linken Auge (L) allein gesehen, das Halbbild $b^l = mn$, mit dem rechten Auge (R) allein gesehen, das Halbbild $b^r = m'n'$. Die beiden Halbbilder überdecken sich also auf der Strecke von m' bis n.

Konstruiert man diese beiden Halbbilder einzeln und verschiebt sie seitlich — in der Ebene der Bildfläche — um das

Maß $y\left(=\frac{m'n}{2}\right)$, also das linke Halbbild um die Strecke y nach links, das rechte um die Strecke y nach rechts, so nimmt alsdann das linke Halbbild die Lage $m''k$, das rechte Halbbild die Lage kn'' ein. Mit diesem Auseinanderschieben der Halbbilder tritt aber auch ein Auseinanderschieben der Augendistanz ein, die nun nicht mehr a, sondern $2y + a$ beträgt. Der Standpunkt der Augen kommt demgemäß nach L' bezw. R' und die beiden Halbbilder $b_{,}^{l}$ und $b_{,}^{r}$ müssen, von diesen Punkten aus, gleichzeitig aber für jedes Auge getrennt betrachtet, stereoskopischen Effekt erzielen.[1]

Da nun a, die Augendistanz eines Menschen, eine Konstante ist, also nicht beliebig auseinandergezogen werden kann, so tritt statt dessen das in Fig. 41 bis 43 dargestellte Universalstereoskop in Wirksamkeit. Dasselbe wird in der Weise, wie es in Fig. 41 angegeben ist, in die optischen Strahlenkegel eingeschaltet, welche von den Augenzentren L' und R' nach den auseinandergeschobenen Halbbildern gerichtet sind. Hierdurch werden letztere, nach doppelter Reflexion durch die Bildspiegel ss' des Instrumentes und dessen Okularspiegel pp' unverändert in Form und Größe auf die reelle Augendistanz a zurückgeführt und den Augen L und R übermittelt. Jedes Auge erhält jetzt für sich allein das ihm zugehörige Bild und die stereoskopische Verschmelzung zum Ganzbilde tritt sofort und sicher ein.[2]

---

[1] Sollen die Halbbilder nicht aneinander stoßen, sondern um ein gewisses Maß, das v heißen möge, voneinander entfernt sein, dann ist der Wert von v der Augendistanz weiter zuzufügen; dieselbe beträgt alsdann: $2y + a + v$.

[2] Schaltet man genau dieselben Halbbilder in die optischen Strahlenkegel des von Helmholtz beschriebenen Telestereoskopes ein, so findet eine stereoskopische Vereinigung dieser Bilder nicht in der gleichen Weise statt. Bei dem Helmholtzschen Instrumente sind nämlich Bildöffnung und gegenseitige Stellung der Okular- uud Bildspiegel so angeordnet, daß der reflektierte Hauptsehstrahl den nach dem scheinbaren Augenstande gerichteten Sehwinkel halbiert. Beide Schenkel dieses Winkels verlaufen also symmetrisch zu diesem Hauptsehstrahl und sind für beide Augenstände wechselseitig parallel. Nach der Reflexion auf den wirklichen Augenstand bleiben daher auch die beiden linken, wie die beiden rechten Schenkel der Sehwinkel unter sich parallel, folglich können die von den Augen nach korrespondierenden Punkten gerichteten Visierlinien sich in endlicher Entfernung nicht schneiden.

Aus dem Mitgeteilten ist ohne weiteres klar, daß die Größe der Halbbilder bei Anwendung des Universalstereoskopes keinerlei Beschränkung mehr unterworfen ist. Man kann die Bildfläche an jeder Stelle zwischen Augen und Objekt annehmen, und da die Entfernung des Objektes sowie letzteres selbst, der Theorie nach unbegrenzt groß angenommen werden kann, so folgt, daß

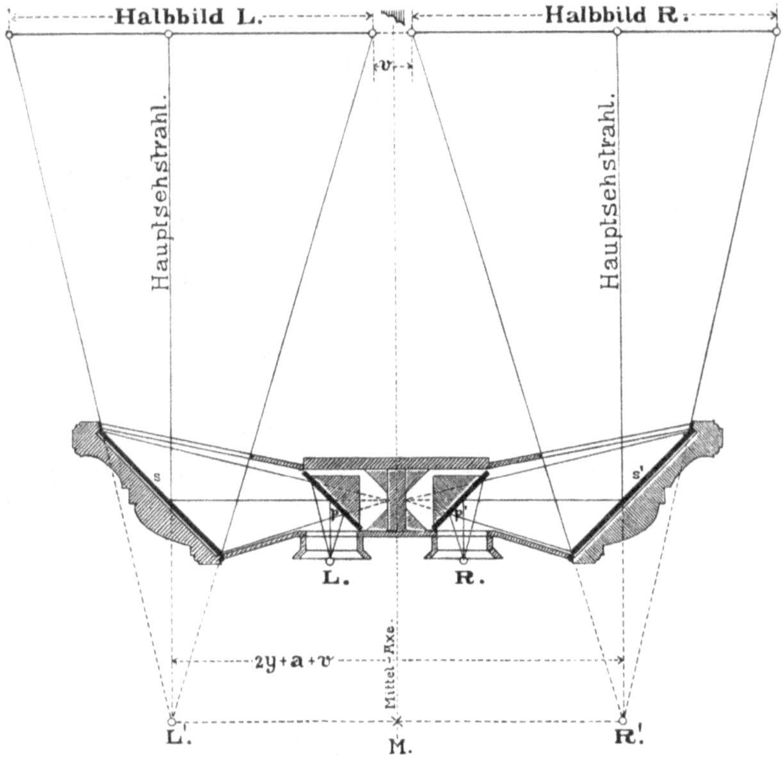

Fig. 41.

die Größe der Halbbilder ebenfalls unbegrenzt ist, d. h. theoretisch edes Maß zwischen Null und Unendlich annehmen kann.

In der Praxis ist diese Bildgröße deshalb nur denjenigen Einschränkungen unterworfen, welche durch die Handlichkeit und Gebrauchsfähigkeit der Konstruktion bedingt werden. Soll, wie dies vorherrschend der Fall sein wird, das Universalstereoskop ohne irgend welche Linsenkombination zur Anwendung kommen, dann ist hinsichtlich der Entfernung zwischen den Augen und der

Bildfläche auf die Grenzen der deutlichen Sehfähigkeit eines normalen Auges Rücksicht zu nehmen.

Was nun die mathematischen Beziehungen für die Konstruktion dieser Halbbilder anbetrifft, so gestalten sich dieselben überaus einfach. Nimmt man (Fig. 40) G, E und b als gegeben an, so erhält man D aus der Gleichung: $\frac{D}{E} = \frac{b}{G}$, woraus

$$D = \frac{b\,E}{G} \tag{28}$$

oder, falls D gegeben und b gesucht wird:

$$b = \frac{D\,G}{E}. \tag{29}$$

Wie aus Fig. 40 und 41 leicht ersichtlich, steht die Maximalgröße von G in einem gewissen Abhängigkeitsverhältnis zu E,

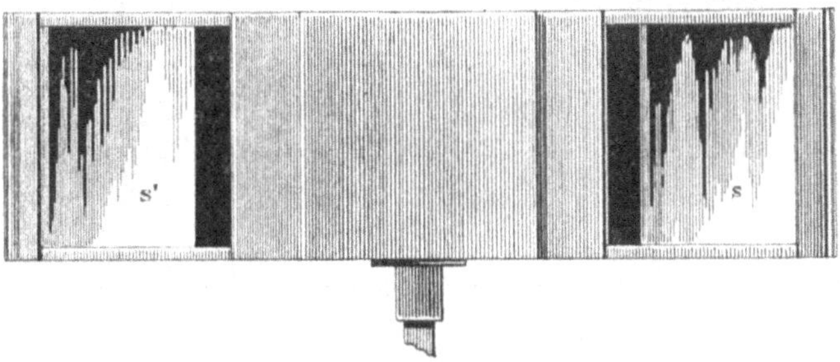

Fig. 42.

das durch die Größe des Gesichtsfeldes eines normalen Auges bedingt ist. Wie oben ausgeführt wurde, entspricht das Gesichtsfeld der Grundfläche eines optischen Kegels, dessen Mantellinien mit der Achse einen Winkel von 20^0 einschließen. Vernachlässigt man den geringen Unterschied, der dadurch entsteht, daß L bezw. R (Fig. 40) um $\frac{a}{2}$ von der Mittelachse entfernt sind, und nimmt die Augenstellung in der Mitte zwischen L und R an, so erhält man G aus der Gleichung $\frac{G}{2E} = \operatorname{tg} 20^0$, woraus $G = 2E \operatorname{tg} 20^0$, und geht nach Einführung des Wertes von $\operatorname{tg} 20^0 = 0{,}364$ über in die Form

$$G = 0{,}728\,E \text{ oder rund } = 0{,}7\,E \tag{30}$$

als in der Praxis zulässiger Maximalwert von G bezogen auf E.

Da sich $\frac{b}{D}$ wie $\frac{G}{E}$ verhält, so folgt weiter:

$$b = 0{,}7\ D. \tag{31}$$

Man sieht hieraus, daß es vorteilhaft ist, von vornherein für $\frac{G}{E}$ bezw. $\frac{b}{D}$ ein bestimmtes, glatt aufgehendes Verhältnis festzusetzen, wodurch sich die ganze rechnerische Tätigkeit auf ein Minimum reduziert. Bei den von mir bis jetzt für Lehrzwecke gezeichneten Stereoskopbildern nahm ich das Verhältnis von $\frac{G}{E} = \frac{b}{D} = 0{,}6$ an und erzielte damit sehr ansprechende und zweckentsprechende Bilder. Hinsichtlich der Beschaffenheit des Instrumentes ist folgendes anzuführen: Dasselbe besteht aus einem geschlossenen Kästchen von der in den Figuren 41 bis 43

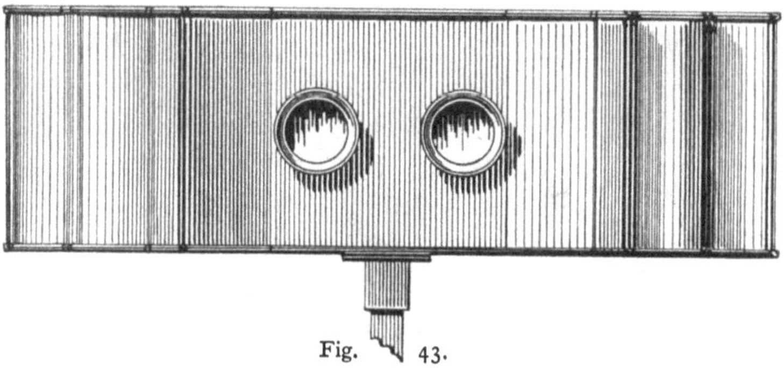

Fig. 43.

dargestellten Gestalt. Auf der dem Beschauer zugewandten Seite befinden sich zwei Okularöffnungen, bei L und R, auf der entgegengesetzten Seite, an beiden Enden des Instrumentes, zwei viereckige Öffnungen, die Bildöffnungen. Dicht hinter letzteren sind symmetrisch zwei Spiegel $s\,s'$ angebracht, und zwar gegen die Bildfläche um einen Winkel von 45^0 geneigt. Ferner befinden sich dicht hinter den Okularöffnungen zwei kleine Spiegel p und p', und zwar parallel den Spiegeln $s\,s'$.

Durch die Bildöffnungen empfangen die Spiegel s und s' die Halbbilder. Der Ausschnitt der Bildöffnungen ist so gewählt, daß der linke Spiegel s nur das linke Halbbild, der rechte Spiegel s' nur das rechte Halbbild aufnehmen kann. Es fällt somit die bei den sonst gebräuchlichen Stereoskopen nötige Scheidewand ganz fort. In jedem der Bildspiegel $s s'$ entsteht ein negatives Bild, d. h. Spiegelbild des zugehörigen Halbbildes, welches nach den korrespondierenden Okularspiegeln p und p' reflektiert wird. In diesen wird das empfangene Spiegelbild abermals umgekehrt und in ursprünglicher positiver Gestalt den beiden Augen L und R übermittelt.

Die größeren Instrumente werden auf einen Fuß montiert, der sich hoch- und niederschrauben läßt; kleinere erhalten unten einen Handgriff, ähnlich wie in Fig. 29.

Maßgebend für die Größe eines Instrumentes ist das jeweilige Maß der Entfernung $L' R'$, wie sich dasselbe aus der Konstruktion nach Fig. 40 ergibt. Ist ein Instrument für ein bestimmtes Maximalmaß der Halbbilder konstruiert, so kann man auch jedes kleinere Paar Halbbilder mit demselben Instrumente stereoskopisch betrachten. Man hat alsdann nur darauf zu achten, daß die Entfernung der beiden Schnittpunkte der Hauptsehstrahlen mit der Bildfläche (siehe Fig. 41) gleich ist dem durch das Auseinanderrücken der Bilder erhaltenen Maße von $L' R'$, also gleich $2y + a$ bezw. $2y + a + v$.

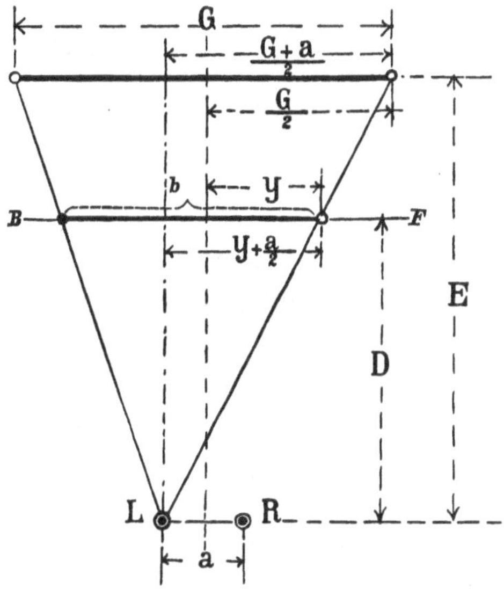

Fig. 44.

Das Größenverhältnis des Universalstereoskopes ergibt sich rechnerisch aus folgender Betrachtung: Da die Augendistanz $L' R'$ der beiden Halbbilder beim Auseinanderrücken derselben auf das Maß $2y + a$ erweitert wird, so liegt der Standpunkt eines jeden Auges um $\frac{2y + a}{2} = y + \frac{a}{2}$ von deren Mittelachse entfernt. Die Größe dieses Maßes $y + \frac{a}{2}$ erhält man unmittelbar aus folgender Proportion (vergl. Fig. 44):

$$\left(y + \frac{a}{2}\right) : \left(\frac{G + a}{2}\right) = D : E,$$

woraus folgt

$$y + \frac{a}{2} = \frac{D}{E}\left(\frac{G + a}{2}\right). \tag{32}$$

Will man, was empfehlenswert ist, zwischen den Halbbildern noch einen Zwischenraum v haben, so ist derselbe ohne Einfluß auf die Breite der Bilder, und ist einfach dem Maße der scheinbaren Augendistanz $L' R'$ zuzufügen. Diese Entfernung beträgt alsdann, wie Seite 51 angegeben wurde, $2y + a + v$, folglich für das Maß von L' und R' bis zur Mittelachse

$$\left(y + \frac{a}{2}\right) + \frac{v}{2}. \tag{33}$$

Wird die Entfernung der Bildfläche von den Augen größer als die dem deutlichen Sehen eines normalen Auges entsprechende Entfernung angenommen, so müssen die Okulare mit einer, dieser größeren Entfernung entsprechenden Linsenkombination versehen werden.

Will man gewisse Objekte, wie z. B. Porträts, Büsten u. s. w.[1] stereoskopisch in Naturgröße oder darüber sehen, so erscheint es, um nicht allzu große Instrumente und Halbbilder zu benötigen, rätlich, die betreffenden Halbbilder nur in einem Bruchteil der Naturgröße herzustellen und die Bilder alsdann durch eine entsprechende Linsenkombination auf das beabsichtigte Maß zu vergrößern. Statt der Okularspiegel können auch rechtwinklige Prismen mit versilberten Hypotenusen eingeschaltet werden, deren Verwendung prinzipiell der von Spiegeln vorzuziehen ist. Und zwar deswegen, weil die Spiegel stets doppelt reflektieren: einmal an der hinteren belegten Fläche des Glases, und das andere Mal, wenn auch nur schwach, an der Vorderfläche desselben. Die Anschaffungskosten für gute achromatische Prismen sind aber verhältnismäßig so bedeutend, daß man für gewöhnliche Fälle auf deren Verwendung verzichten und sich mit Spiegeln begnügen muß. Man kann dies indessen um so leichter tun, als der erwähnte,

---

[1] Für Herstellung photographischer Halbbilder sei ausdrücklich bemerkt, daß diese Bilder mit parallel gerichteten Objektivachsen aufgenommen werden müssen.

den Spiegeln anhaftende Mißstand nur bei sehr scharfen Kontrasten (wie z. B. tiefschwarzen Linien auf schneeweißem Grunde) bemerkbar wird.

Noch sei besonders hervorgehoben, daß das Universalstereoskop richtige, den reellen Objekten entsprechende Ganzbilder zeigt, weil den Halbbildern der tatsächliche Entfernungsunterschied der Augen, d. h. die normale Augendistanz zu Grunde gelegt ist. Bei allen seither gebräuchlichen Stereoskopbildern ist dies nicht der Fall. Der Abstand der Objektive des photographischen

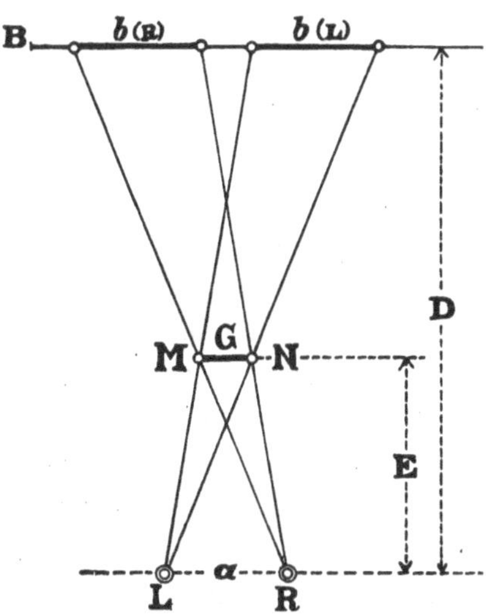

Fig. 45.

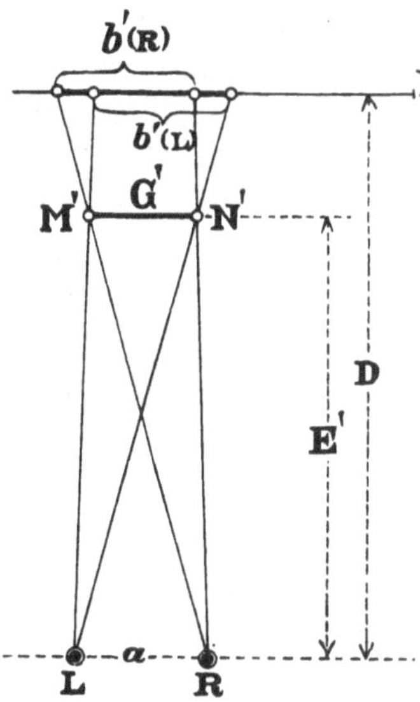

Fig. 46.

Stereoskopapparates ist größer als die normale Augendistanz eines Menschen; die Bilder geben daher telestereoskopische Ansichten der Objekte, welche infolge ihrer stärkeren Konvergenz der Blicklinien dem reellen Objekte nicht mehr entsprechen.

Auch ermüden die Augen im letzteren Falle — wegen der stärkeren Konvergenz der Blicklinien — rascher als bei Anwendung des Universalstereoskopes, welches keine außergewöhnliche Augenstellung verlangt, sondern die Bilder den Augen unter paralleler Achsenstellung der Augen übermittelt.

Damit sind jedoch noch nicht alle Vorzüge des Universalstereoskopes aufgeführt. Dasselbe erweist sich nämlich gleichzeitig als ein vorzügliches Instrument zum Betrachten von Stereoskopbildern des „zweiten“ Falles. Denn auch hier (vergl. Fig. 45 und 46) lassen sich die Halbbilder nach rechts und links auseinanderziehen und dann durch das Universalstereoskop zum optischen Ganzbild vereinigen. Gegenüber allen anderen bisher bekannten Instrumenten zum Betrachten von Bildern des „zweiten“ Falles ergeben sich dabei noch zwei weitere wesentliche Vorteile. Der erste besteht darin, daß das zum rechten Auge gehörige Halbbild auch auf die rechte Seite, das zum linken Auge gehörige Halbbild auf die linke Seite zu liegen kommt. Es werden daher diese Bilder nicht mehr mit gekreuztem (schielendem), sondern mit geradeaus gerichtetem Blick betrachtet.

Als zweiter Vorteil ist anzuführen, daß man, unter der Voraussetzung gleichgroßer Halbbilder, bei Anwendung des Universalstereoskopes ein wesentlich größeres Ganzbild erhält. Entspricht Fig. 45 der seither üblichen Konstruktion von Halbbildern des „zweiten“ Falles, so lassen sich diese nun nach Fig. 46 derart konstruieren, daß sie, ähnlich wie dies in Fig. 40 für den „ersten“ Fall gezeigt wurde, sich teilweise überdecken. Man erhält also in Fig. 46, bei gleicher Entfernung von den Augen, gleichgroße Halbbilder wie in Fig. 45, die zuerst nach rechts und links auseinandergezogen, dann durch das Instrument wieder auf die normale Augendistanz zurückgeführt, das Objekt in der Größe $M' N'$ gegenüber der Größe MN in Fig. 45 zur Erscheinung bringen.

Da der „dritte“ Fall, wie auf S. 16 ff. gezeigt wurde, sich auf den „ersten“ Fall zurückführen läßt, so folgt, daß das vorliegende Instrument sich gleich vorzüglich zum Betrachten sämtlicher möglichen Stereoskopbilder eignet und daher seine Bezeichnung als die eines „Universalinstrumentes“ gerechtfertigt erscheint.

Wenn ich auch bei der Konstruktion und Anwendung dieses Instrumentes in erster Linie praktische Zwecke verfolgte, so darf ich dennoch darauf hinweisen, daß es auch für rein wissenschaftliche Untersuchungen eine sehr schätzbare Hilfe sein wird. Um nur ein Beispiel anzuführen, sei erwähnt, daß von verschiedenen Autoren auf das lebhafteste bestritten wird, daß die perspektivische Linienführung der Halbbilder von irgend welchem Einfluß auf deren Verschmelzen zum körperlichen Ganzbilde, bezw. auf die Gestaltung desselben sei. Beweis dafür sei, daß das Vertauschen der Lage der Halbbilder (d. h. wenn man das rechte Halbbild an die Stelle des linken und umgekehrt lege) gar keinen Einfluß auf das optische Ganzbild ausübe, sondern daß man in beiden Fällen genau ein und dasselbe Ganzbild erhalte![1]

Diese Annahme ist jedoch völlig irrig und nur erklärlich aus mangelhafter Beobachtung infolge der seither gebräuchlichen kleinen Stereoskopbilder. Schon an den Figuren 15 und 16 wurde gezeigt, wie das Vertauschen der Lage der beiden Halbbilder im Ganzbild ein Umkehren des Reliefs bewirkt. Ganz dasselbe läßt sich durch Vertauschen der Halbbilder der Fig. 17 zeigen, auch bei Besprechung des Steinhauserschen Stereoskopes (S. 39) wurde erwähnt, daß die Bilder des Brewsterschen Stereoskopes, sofern sie durchsichtige Körper, wie Krystallformen u. s. w. darstellen, durch das Steinhausersche betrachtet, in umgekehrtem Relief erscheinen.[2] Durch diese Tatsache ist klar bewiesen, daß das Vertauschen der Halbbilder wesentliche Veränderungen des Ganzbildes hervorruft. Der Grund davon ist der, daß man, nach dem Vertauschen der Halbbilder, Halbbilder eines ganz anderen Objektes als des ursprünglichen vor sich hat.

Es wird dies sehr deutlich beim Vergleiche der beiden Figuren 47 und 48. Erstere zeigt als Objekt einen quadratischen Raum $MPQN$, der von den Augen L und R betrachtet wird. Es entstehen alsdann auf der Bildfläche BF die beiden Halbbilder $b(L)$ und $b(R)$ mit deren Unterabteilungen, das sind die korrespondierenden Punkte von P und Q, nämlich pq und $p'q'$. Diese beiden Halbbilder ergeben in dieser Lage, stereoskopisch betrachtet, den räumlichen Effekt des Objektes $MPQN$. Ver-

[1] Vergl. Georg Hirth, Das plastische Sehen. 1892. S. 36, 37 u. 51.

[2] Man nennt solche Ganzbilder: „pseudostereoskopische". Schon Wheatstone hat auf dieselben aufmerksam gemacht und ein besonderes — Pseudoskop benanntes — Instrument konstruiert, mittels dessen die Primärlage der Halbbilder vertauscht erscheint.

tauscht man nun die Lage dieser Halbbilder (vergl. Fig. 48), so bleiben die äußeren Grenzen derselben ganz die gleichen, d. h. die Entfernung der korrespondierenden Punkte von M und N bleibt unverändert dieselbe wie in Fig. 47: mkn' ist gleich $m'kn$. Die Entfernung der korrespondierenden Punkte von P und Q (pp' und qq') dagegen ist nicht mehr die gleiche geblieben, sondern diese korrespondierenden Punkte liegen nun näher zusammen, als es in Fig. 47 der Fall ist. $p'p < pp'$ und $q'q < qq'$. Dies bedingt eine stärkere Konvergenz der Blicklinien, der zufolge die zugehörigen Objektpunkte den Augen näher liegen müssen, als dies in Fig. 47 der Fall war.

Zieht man von L und R die Visierlinien durch p und p', so schneiden sie sich in P' und die Visierlinien durch q und q' schneiden sich in Q'. Da M und N und alle Punkte auf deren Verbindungslinie in beiden Fällen in ihrer Lage unverändert bleiben, so folgt, daß man nach dem Vertauschen der Halbbilder nicht mehr die Halbbilder des Objektes $MPQN$, sondern Halbbilder des Objektes $MP'Q'N$ vor sich hat und folglich auch beim stereoskopischen Betrachten der vertauschten Halbbilder nicht mehr das ursprüngliche, sondern das zuletzt genannte Objekt als räumliches Ganzbild erscheint.

Wenn daher, herrschender Übung gemäß, oben mehrmals von einem Umkehren des Reliefs der Objekte die Rede war, sobald man deren primäre Halbbilder gegenseitig vertauscht, so ist dieser Ausdruck nicht mehr zu rechtfertigen. Denn — es soll dies nochmals hervorgehoben werden — wir sehen beim Vertauschen der Halbbilder nicht ein umgekehrtes Relief des primären Objektes, sondern ein ganz anderes neues Objekt. Beide haben nur das miteinander gemein, daß ihre Basis (MN) dieselbe bleibt und ihre übrigen korrespondierenden Punkte sich in vertauschter Lage decken.

Die weitere Frage ist nun die: „Wie verhält es sich mit den Halbbildern, die nicht nur aus reinen Linien, wie die eben besprochenen Krystallkörper bestehen, und bei denen eine scheinbare Umdrehung des Reliefs nicht stattfindet? Hierher gehören vor allem die große Zahl der auf photographischem Wege erzeugten Stereoskopbilder, die in erster Linie die Ursache der soeben besprochenen irrigen Auffassung wurden.

Denken wir uns in Fig. 47 den quadratischen Raum $MPQN$ als einen an beiden Seiten und an der Rückseite bebauten freien Platz, von dem, aus den Punkten L und R, die photographischen

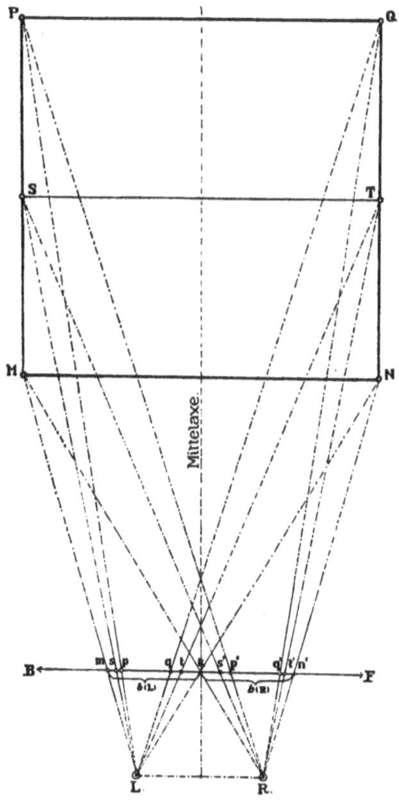

Fig. 47.

Halbbilder $b(L)$ und $b(R)$ aufgenommen wurden, so erscheinen die beiden Seiten nicht mehr durch glatte Linien dargestellt, sondern die Linienführung zeigt alle möglichen Unterbrechungen, Kontraste in der Lichtverteilung, Schlagschatten, Unterschiede in der Höhenentwicklung einzelner Teile u. s. w. Die den Augen zunächst liegenden Teile erscheinen breiter und höher, als gleichgroße, aber entferntere Teile; namentlich Gebäude, welche an der Rückseite des Platzes errichtet sind, werden wesentlich schmäler und niedriger erscheinen, als Gebäude der gleichen Ausdehnung, die an den Seiten und zwar namentlich an den, den Augen zunächst liegenden Teilen stehen. Vertauscht man nun diese Halbbilder in ihrer Lage, so folgt ein großer Zwiespalt unter den sich

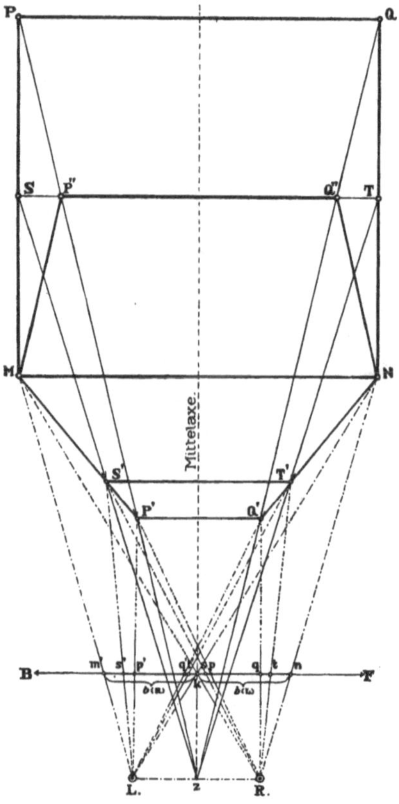

Fig. 48.

sonst gegenseitig unterstützenden Eigenschaften des Sehens, ein Wettstreit der Bilder. Die geometrische Konstruktion der Linienführung, d. h. die durch die vertauschten korrespondierenden Punkte gezogenen Visierlinien der Augen L und R verlangen das Objektbild $MP'Q'N$ der Fig. 48. Dem widersetzen sich nun die oben besprochenen Eindrücke (Unterbrechung der Linien durch vorstehende Ecken und Kanten, Schlagschatten, Luftperspektive u. s. w.), welche den Halbbildern der Primärlage entsprechen. Es ist z. B. nicht möglich, daß die Gebäude an der Rückseite PQ, die auf den Halbbildern wesentlich kleiner erscheinen, als die den Punkten M und N nahegelegenen gleichgroßen Gebäude, nach dem Vertauschen der Halbbilder die Lage $P'Q'$ (Fig. 48) einnehmen. Denn die Lage $P'Q'$ ist den Augen viel näher, als die Lage MN, folglich müßten Gebäude, welche sich in der Richtung $P'Q'$ befinden, auf den Halbbildern größer erscheinen statt kleiner, als gleichgroße bei M und N. Diese zuletzt erwähnten der Primärlage der Bilder entsprechenden Einflüsse verlangen daher das Objektbild $MPQN$. Die äußersten Entfernungsgrenzen dieses Wettstreites sind durch die Punkte PP' und QQ' festgelegt und das Resultat ist ein Kompromiß, der annähernd auf halbem Wege

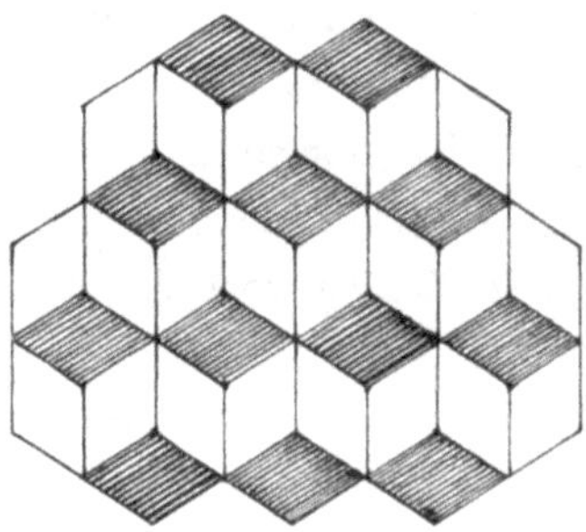

Fig. 49.

zu suchen sein wird, nämlich da, wo das Maß MP' bezw. NQ' von M oder N aus die Richtungslinien PP' bezw. QQ' schneidet, also in P'' bezw. Q''. Sobald sich die Gestalt eines Objektes mehr glatt begrenzten geometrischen bezw. stereometrischen Figuren nähert, wird das Objektbild $MP'Q'N$ die Oberhand behalten, im anderen Falle das Objektbild $MP''Q''N$. Hier findet also ein Wettstreit der Bilder statt ähnlich dem auf S. 25 in Fig. 18 dargestellten, oder noch mehr ähnlich dem, wie ihn das bekannte Parkettmuster (Fig. 49) zeigt, bei welchem, je nachdem man die benachbarten Linien und Flächen fixiert, die schräg laufenden Linien bald die Richtung nach den Augen hin, bald von den Augen weg annehmen.

Wir haben also auch in dem zuletzt besprochenen Falle

nicht mehr das Bild des primären Objektes von quadratischer Form, sondern das eines neuen Objektes von trapezförmiger Gestalt vor uns, eines Objektes, das die ursprüngliche Tiefe nicht mehr besitzt und dessen Ganzbild daher im Vergleich mit demjenigen des primären Objektes verdrückt und ineinander geschoben erscheint.

Daß dies so ist, wird durch das Universalstereoskop in einer, jeden Zweifel ausschließenden Weise erhärtet. Ich habe zu diesem Behufe verschiedene Halbbilder auf zeichnerischem wie photographischem Wege hergestellt. Für die erste Kategorie legte ich die Größe 15 auf 15 cm, für die letztere die Größe 18 auf 24 cm zu Grunde. Gegenstand der ersten Gattung war ein hallenartiger Raum im Verhältnis der Breite zur Tiefe wie 1 : 3. Bei der primären Lage der Halbbilder kommt, durch das Universalstereoskop betrachtet, die plastische Tiefenwirkung geradezu packend zur Geltung. Vertauscht man die Halbbilder, so ist die große Tiefenwirkung der Halle sofort verschwunden, der Raum erscheint kaum halb so tief wie vorher, hat etwas Gestauchtes und macht geradezu den Eindruck, als ob er von hinten nach vorn zusammengedrückt worden sei. Man erhält bald den Eindruck eines falschen, eines Zerrbildes.

Ganz ähnlich verhält es sich mit den photographischen Halbbildern. Unter anderen hatte ich die bekannte Büste der kapitolinischen Venus gewählt. Bei der primären Lage der Halbbilder, welche auf photographischen Platten von 18 auf 24 cm hergestellt wurden, erscheint die Büste überraschend schön in vollem plastischen Effekt. Vertauscht man die Halbbilder, so entsteht als Ganzbild ein Kompromißbild der merkwürdigsten Art. Das Relief der Büste verliert ganz bedeutend an seiner Tiefenwirkung ähnlich wie bei der soeben beschriebenen Halle, den überraschendsten Effekt zeigen jedoch die Haupthaare. Die wellenförmigen Linien derselben können nämlich ebensogut konkaven wie konvexen Flächen angehören. Es tritt für sie demgemäß kein zwingender Hinderungsgrund gegen das Umkehren des Reliefs ein und infolgedessen erscheint das gesamte Haupthaar konkav und weit vorgelagert, so daß es muschelförmig den Kopf nach vorn überragt!

Zum Schlusse möge es mir gestattet sein, noch auf eine Erscheinung hinzuweisen, die zwar streng genommen nicht mehr in den Rahmen der vorliegenden Schrift gehört, sondern das physiologische Gebiet berührt, aber trotzdem von allgemeinem Interesse sein dürfte.

Betrachtet man die Punkte P und Q (Fig. 47) in ihrer Primärlage und die Lage der Punkte P' und Q' (Fig. 48), wie sie sich nach dem Vertauschen der Halbbilder ergibt, verbindet ferner (Fig. 48) P mit P' und Q mit Q' und verlängert diese Verbindungslinien bis zu ihrem Schnittpunkte, so wird man gewahr, daß dieser Schnittpunkt mit dem Schnittpunkte z der Mittelachse und der die Augen verbindenden Transversalen zusammenfällt. Sucht man nun von zwei weiteren Punkten S und T (Fig. 47) die korrespondierenden Punkte $s\,s'$ und $t\,t'$ auf, vertauscht deren Lage und sucht alsdann die Schnittpunkte der von den Augen nach der vertauschten Lage der korrespondierenden Punkte $s\,s'$ und $t\,t'$ gerichteten Visierlinien, so ergeben sich als zugehörige Raumpunkte die Punkte S' und T' (Fig. 48), welche, wie dies nicht anders sein kann, gleichzeitig auf den Verbindungslinien MP' und NQ' liegen. Verbindet man auch hier die ursprüngliche Lage der Punkte S und T mit der, nach dem Vertauschen der Halbbilder entstandenen Lage S' T' durch je eine Gerade und verlängert diese bis zu ihrem Schnittpunkte, so zeigt sich, daß dieser Schnittpunkt gleichfalls mit dem Punkte z zusammenfällt. Das Gleiche gilt für jeden beliebigen Objektpunkt der Fig. 48 und wir kommen hiermit zu dem überraschenden Resultate, daß alle Objektpunkte des Raumes, welche uns durch die doppelten Visierlinien beider Augen übermittelt werden, jeweils auch innerhalb der Visierlinien e i n e s Auges liegen, welches sich in der Mitte beider Augen, in z befinden würde. Mit anderen Worten, wir haben es hier mit dem Nachweis zu tun, daß die durch beide Augen erhaltenen, etwas verschiedenen Netzhautbilder in unserem inneren Auge, dem Zentralorgane, so vereinigt werden, daß das uns zum Bewußtsein kommende einheitliche Ganzbild demselben Bildeindruck entspricht, den *ein* Auge empfangen würde, das sich im Schnittpunkte der die beiden Augen verbindenden Transversalen mit der Medianebene des Kopfes befindet, also in *z* der Fig. 48.[1]

Da nun, wie wir S. 2, Fig. 2, gesehen haben, einem einzelnen Auge die Energie der Tiefenwahrnehmung mangelt, treten zwei Augen an Stelle des einen. Der direkte Sehstrahl, der von dem latenten Auge *z* nach irgend einem Objektpunkte des Raumes gerichtet ist, repräsentiert, wenn ein Vergleich mit Kräften erlaubt ist, die Resultierende, die Sehstrahlen der seitlich gelagerten Augen *L* und *R* vertreten die beiden Komponenten, welche den direkten Sehstrahl in zwei Seitenstrahlen zerlegen, ihn später in unserem inneren Auge wieder vereinigen und in seine ursprüngliche Richtung zurückführen. Durch diesen Umwandlungsprozeß wird nun dem resultierenden Sehstrahl die Energie der Tiefenwahrnehmung zu teil, welche ihm als direktem Sehstrahl eines einzelnen Auges fehlen würde.

Werfen wir nun noch einen Blick auf das gesamte Sehfeld beider Augen. Dasselbe besteht — von dem blinden Fleck der Augen abgesehen — aus einem größeren mittleren Teil, der mit beiden Augen zugleich, und zwei seitlichen Teilen, von denen der eine nur mit dem linken, der andere nur mit dem rechten Auge gesehen wird. Es fragt sich daher, wie sich die perspektivische Linienführung der nur mit einem Auge gesehenen Teile zu dem mit beiden Augen zugleich gesehenen Teil verhält. Betrachten wir zu diesem Zweck die Bildeindrücke, welche das linke Auge für sich allein aus dem links seitlichen Sehfeld erhält und die Bildeindrücke, welche beide Augen aus dem mittleren, mit beiden Augen zugleich gesehenen Teile des Sehfeldes erhalten, so können wir, nach dem soeben Vorgetragenen, für letztere die Bildeindrücke substituieren, welche das latente Auge *z* erhält. Da die Entfernung zwischen diesem latenten Auge *z* und dem linken Auge nur halb so groß ist, als die Entfernung zwischen dem linken und rechten Auge, so sind auch die Unterschiede der perspektivischen Linienführung der Bildeindrücke im ersteren Falle viel geringer wie im letzteren. Ferner sind die Lichtein-

---

[1] Vergl. auch HELMHOLTZ, a. a. O. S. 757, ferner HERING, Beiträge zur Physiologie.

drücke der beiden in Vergleich kommenden Augen ganz wesentlich in ihrer Stärke verschieden, und zwar sind die Lichteindrücke des latenten Auges *z* die ungleich stärkeren, da sie aus der Addition der Lichteindrücke beider Augen *L* und *R* bestehen. Die Folge davon ist, daß sich die beiderseitigen Bildeindrücke des latenten Auges *z* und des linken Auges *L* nicht in der Art zu einem gemeinsamen Bilde vereinigen, wie wir dies hinsichtlich der Bildeindrücke der Augen *L* und *R* kennen gelernt haben, sondern es tritt hier die wunderbare Organisation unserer Augen in Wirksamkeit, der zufolge unter bestimmten Voraussetzungen und innerhalb gewisser Grenzen ein Vorrecht des Größeren und Stärkeren, ein Vorrecht des Kontrastes Platz greift, derart, daß der stärkere Lichteindruck den schwächeren gleichsam absorbiert und zum alleinherrschenden wird (vergl. S. 45).

So wird der schwächere Bildeindruck des nur mit dem linken Auge gesehenen Teiles des Sehfeldes gezwungen, in seiner Linienführung dem stärkeren des latenten Auges *z* zu folgen[1], und es werden die auch nur mit einem Auge gesehenen Teile des Sehfeldes in das räumliche Ganzbild mit aufgenommen und zwar ebenfalls mit voller plastischer Wirkung.

---

[1] Schon WHEATSTONE hat das hierhergehörige, in Fig. 50 wiedergegebene charakteristische Beispiel mitgeteilt. Nach allem, was wir über korrespondierende Punkte kennen lernten, sollte man annehmen, daß beim stereoskopischen Betrachten dieser Figur der dicke senkrechte Strich des linken Halbbildes mit dem

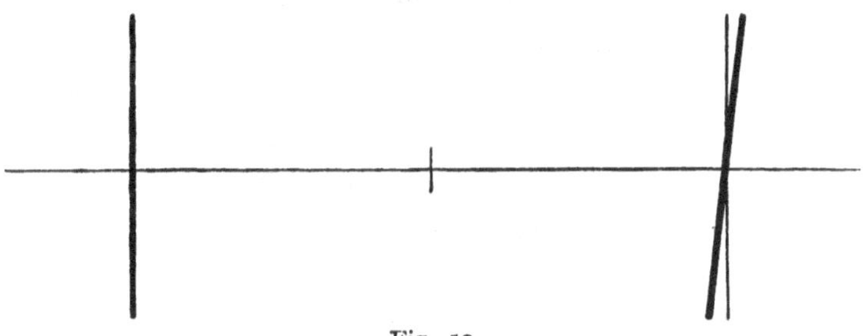

Fig. 50.

dünnen senkrechten Strich des rechten Halbbildes zur Deckung kommt. Statt dessen deckt sich der dicke senkrechte Strich des linken Halbbildes mit dem gleich dicken, schief laufenden Strich des rechten Halbbildes und der dünne senkrechte Strich des letzteren bleibt getrennt für sich bestehen.

Da das Verhältnis des rechten Auges *R* zu *z* sich genau gerade so verhält, so folgt als Resultat dieser Untersuchung, daß das gesamte Sehfeld beider Augen dem inneren Auge, d. h. dem Zentralorgane, in derselben Gestalt — speziell in derselben Linienführung — erscheint, wie es einem einzigen in *z* befindlichen Auge erscheinen würde.

Zum gleichen Resultate führt die allgemeine Erwägung, daß sich der gesamte Bildeindruck e i n e s Auges — sagen wir z. B. des linken — aus zweierlei Bildeindrücken zusammensetzt. Erstens aus denen, welche zugleich mit dem anderen (dem rechten) Auge gesehen werden und für welche nachgewiesen ist, daß sie im Ganzbild ihre Linienführung mit der des anderen Auges in der Art verschmelzen, als ob sie von dem Standpunkte des latenten Auges *z* aus gesehen würden, d. h. mit anderen Worten, daß sich für die in Rede stehenden Bildeindrücke der perspektivische Augenpunkt von *L* nach dem von *z* verschiebt. Zweitens aus den Bildeindrücken, welche nur das linke Auge allein erhält, deren Linienführung für sich allein betrachtet selbstverständlich durch den perspektivischen Augenpunkt von *L* bedingt ist. Nun ist es doch absolut unmöglich, daß für einen Teil der Bildeindrücke eines und desselben Auges der perspektivische Augenpunkt nach dem von *z* verschoben werden könnte, während er für einen anderen Teil in dem von *L* bestehen bliebe. Denn sonst würde die Kontinuität der Linienführung plötzlich unterbrochen; es muß also der kleinere schwächere dem größeren stärkeren Eindruck folgen.

Wenn wir also in der üblichen Weise ein perspektivisches Bild irgend eines Objektes konstruieren, so stellen wir damit ein vollkommen richtiges Bild dar, so wie es in einem in *z* befindlichen Auge erscheinen würde, d. h. in derselben Linienführung, wie das fragliche Objekt unserem inneren Auge zum Bewußtsein kommt. Diesem Bilde fehlt aber — wie dem Einäugigen — die Energie der Tiefenwahrnehmung. Um diese zu erreichen, müssen wir, der Natur folgend, das einäugig gesehene Bild in ein zweiäugig gesehenes, d. h. stereoskopisches Bild verwandeln. Hierdurch erreichen wir die Energie größerer Tiefenwahrnehmung und gleichzeitig eine nicht unwesentliche Verbreiterung des Sehfeldes.

Druck von Metzger & Wittig in Leipzig.

FSC
www.fsc.org
MIX
Papier | Fördert gute Waldnutzung
FSC® C083411

Zeitfracht Medien GmbH
Ferdinand-Jühlke-Straße 7
99095 Erfurt, Deutschland
produktsicherheit@kolibri360.de